KLEINGEWERBE GRÜNDEN

Nebenberuflich selbstständig machen - Schritt für Schritt zur Existenzgründung

Alles über Steuern, Recht, Kosten, Anmeldung, Businessplan uvm.

Jonas Schneider

Originale Erstauflage

Softcover: 978-3-96967-053-8

Redaktion: Finn Alexander Dubbels

Lektorat: Matthias Kramer

Druck/Auslieferung: Amazon.com oder eine Tochtergesellschaft

Cover: radoma - shutterstock.com

Impressum:

Eulogia Verlags GmbH

Nagelsweg 22a

20097 Hamburg

Deutschland

Wir wünschen viel Vergnügen beim Lesen!

KLEINGEWERBE GRÜNDEN

EULOGIA
VERLAG

INHALTSVERZEICHNIS

Vorwort

Sie wollen mehr? Sie können mehr? Sie wissen nur noch nicht, wie Sie das Können und das Wollen miteinander in Einklang bringen sollen? Dann könnte das Kleingewerbe für Sie die richtige Lösung sein. Denn bei einem Kleingewerbe bleibt alles überschaubar, aber trotzdem vieles möglich. Wenn Sie eine Veränderung möchten, aber nicht alles auf eine Karte setzen wollen, ist das Kleingewerbe eine hervorragende Möglichkeit, mit einer Nebentätigkeit Ihre Chancen und Perspektiven auszuloten und zu verbessern. Nicht alles oder nichts, sondern von vielem etwas mehr.

Wenn Sie im Ruhestand noch Energie und Tatkraft besitzen, dann ist das Kleingewerbe Ihre Brücke zurück in die Geschäftswelt – aber diesmal zu Ihren eigenen Konditionen und nicht zu denen Ihres bisherigen Arbeitgebers.

Wenn Sie neben Ihrem Brotberuf noch zusätzliche Optionen suchen, um Ihren finanziellen Spielraum zu verbessern, dann ist das Kleingewerbe ein verlässliches zweites Standbein. Ihr Selbstbewusstsein und Ihr Bankkonto werden ganz erheblich von den neuen Wegen profitieren, die Sie sich mit Ihrem Kleingewerbe erschließen.

Das Kleingewerbe ist kein Lottoschein. Es ist viel besser: Es ist eine reelle Chance für jedermann, ganz ohne das Mitwirken der Glücksgöttin Fortuna eine Veränderung der bestehenden Verhältnisse herbeizuführen. Warten

Sie nicht länger darauf, dass Ihnen etwas Gutes vor die Füße rollt – nehmen Sie die Sache stattdessen lieber selbst in die Hand!

Sie sind nicht allein: Das Kleingewerbe ist für viele Existenzgründer das Mittel der Wahl. Aus guten Gründen. Und diese Gründe stellen wir Ihnen in diesem Buch vor. Ja, mehr als das: Sie bekommen auch alle grundlegenden Informationen vermittelt, die Sie benötigen, um Ihr eigenes Kleingewerbe mit Kompetenz und Übersicht anzugehen. Nur die Tatkraft, die müssen Sie selbst mitbringen. Aber daran besteht eigentlich kein Zweifel – sonst hätten Sie schließlich nie dieses Buch gekauft. Oder?

Dieses Buch ist kein Wundermittel. Es nimmt Ihnen nicht alle Arbeit ab. Es soll Ihnen nur dabei helfen, einen grundlegenden Überblick zu gewinnen über ein spannendes Themenfeld, das Ihnen großartige Perspektiven eröffnen kann. Wenn Sie am Ende der Lektüre einschätzen können, inwieweit ein Kleingewerbe in Ihrer persönlichen Lebenssituation die richtige Entscheidung für ein berufliches Fortkommen darstellt, dann hat dieses Buch seinen Zweck erfüllt.

Wenn Sie in Ihrem Leben weiterkommen möchten, anstatt weiter stillzustehen, wenn Sie eine sinnvolle Veränderung und Verbesserung Ihrer Lebensverhältnisse herbeiführen möchten, dann sind Sie auf dem richtigen Weg. Lesen Sie einfach weiter und machen Sie sich mit den vielfältigen Begriffen und Ordnungen vertraut, die das Kleingewerbe ausmachen. Vielleicht sind Sie nur wenige Seiten von einer folgenreichen Neuordnung Ihres (Berufs-)Lebens entfernt! Denn Sie werden beim Lesen feststellen: Hier geht es nicht um Tagträumereien und Luftschlösser, sondern um konkrete Ansätze und Möglichkeiten, wie Sie Ihre Ideen verwirklichen können.

Denn wir machen Ihnen an dieser Stelle keine großen Versprechungen, die wir am Ende nicht halten können. Unser wichtigster Trumpf sind Sie. Wir trauen Ihnen eine Menge zu. Aber es liegt ganz bei Ihnen, aus Ihren Stärken und Fähigkeiten das richtige Kapital zu schlagen. Wir zeigen Ihnen nur die Möglichkeiten dazu auf und geben Ihnen Orientierungspunkte an die Hand, damit Sie abschätzen können, in welche Richtung Sie sich aufmachen sollten.

Jetzt aber los – da gibt es Kleingewerbe, das auf uns wartet!

Das Kleingewerbe

Wahrscheinlich wissen Sie es schon: Im Geschäftsleben kommt es häufig auf die Einzelheiten an, Erfolg ist oft eine Frage der Details. Bevor wir aber mit der Lupe nach dem Kleingedruckten suchen, sollten wir erst einmal das große Ganze betrachten und die grundsätzliche Frage klären: Was ist eigentlich ein Kleingewerbe? Nun, der Name sagt es schon: ein Gewerbe – aber eben ein kleines. »Klein« ist in diesem Fall kein Nachteil, sondern eine Chance. Das Kleingewerbe bietet Möglichkeiten des Aufstiegs ohne Überforderung und überzogenes Risiko.

Ganz grundsätzlich: Was ist ein Gewerbe?

Das Wort Gewerbe gehört zu den Begriffen, die in der Alltagssprache häufig benutzt werden, deren genaue Definition aber vielen Menschen schwerfällt. Ein Gewerbe ist – ein Beruf, natürlich! Ein handwerklicher Beruf vielleicht? Ja, auch, aber eben bei Weitem nicht nur. Um es vorwegzunehmen: Eine eindeutige, klare und unmissverständliche Definition von Gewerbe mit unverrückbaren Linien gibt es nicht. Der Gesetzgeber hat aber Charakteristika und Orientierungspunkte benannt, die uns dabei helfen, eine Tätigkeit als Gewerbe einzuordnen. Das sind im Wesentlichen:

- **Legales Unternehmertum:** Sie müssen eine unternehmerische Tätigkeit ausüben, die fest auf dem

Boden der geltenden Gesetze steht. Eine illegale Tätigkeit kann natürlich kein offizielles Gewerbe sein, auch wenn manches kriminelle Tun oft scherzhaft so bezeichnet wird. Legalität ist unverzichtbar, auch eine gewisse geschäftliche Professionalität. Ein Hobby ist selbstredend kein Unternehmen, auch wenn es im Einklang mit den Gesetzen steht.

- **Eigenverantwortlichkeit:** Sie müssen Ihre legale unternehmerische Tätigkeit auf eigene Rechnung ausüben. Das heißt: Alle Fäden laufen in Ihrer Hand zusammen, Sie selbst sind Ihr eigener Chef, das entsprechende Geschäft wird allein von Ihnen verantwortet. Ein Gewerbe kann nicht innerhalb eines Angestelltenverhältnisses betrieben werden. (Natürlich können Sie trotzdem zur gleichen Zeit in einem anderen Beruf angestellt sein.)

- **Öffentliche Sichtbarkeit:** Ihre unternehmerische Tätigkeit muss nach außen hin als eine solche erkennbar sein. Wenn Sie sich im Malerkittel mit Pinsel und Farbeimer in Ihren Keller setzen oder einem Freund beim Streichen helfen, sind Sie deshalb noch lange kein gewerblicher Maler. Wenn Sie aber ein Inserat in eine Zeitung setzen, Flyer bzw. Aushänge verteilen oder ein Firmenschild an der Tür befestigen, dann machen Sie Ihr Unternehmen damit öffentlich und üben Ihre Tätigkeit als Gewerbe aus.

- **Gewinnorientierung:** Die Wohlfahrt ist kein Gewerbe. Ihre legale unternehmerische Tätigkeit muss auf Gewinn ausgerichtet sein. Wenn Sie durch die Lande ziehen und regelmäßig Parkbänke frisch streichen, dann üben Sie zwar eine dauerhafte Tätigkeit aus, aber kein Gewerbe – denn mit einem Gewerbe wollen Sie natürlich Geld verdienen. Die lassen sich für Ihre jeweilige Tätigkeit bewusst bezahlen – und zwar nicht einmal, sondern regelmäßig.

- **Kontinuität:** Eine Schwalbe macht noch keinen Sommer, und eine einmalige Tätigkeit noch kein Gewerbe. Sie müssen Ihrer unternehmerischen Tätigkeit dauerhaft nachgehen, um ein Gewerbe zu betreiben. Selbst wenn Sie sich diese einmalige Tätigkeit bezahlen lassen, ist das Entgelt allein noch kein zuverlässiger Indikator für ein Gewerbe.

Wenn alle diese Punkte erfüllt sind, dann üben Sie sehr wahrscheinlich ein Gewerbe aus und sollten unbedingt die dafür geltenden Regeln und Bestimmungen befolgen. Wenn Sie das nämlich nicht tun, können die Konsequenzen äußerst unangenehm und teuer sein.

Nachgehakt: Und wann ist ein Gewerbe klein?

Aber wann ist ein Gewerbe eigentlich »klein«? Wenn Sie eine Schubkarre anstelle eines Lastwagens benutzen? Wenn Sie nur Fahrrad besitzen anstelle eines Firmenautos? Wenn Sie Ihr Büro im Wohnzimmer unterhalten? Wenn Sie Ihre Werkstatt in der Garage eingerichtet haben? Wenn Sie nur kleine Brötchen backen statt großer Brote? Zugegeben: »Klein« ist ein schwammiger Begriff. Aber bei Rechtsfragen helfen uns schwammige Begriffe nicht weiter – wir brauchen klare Definitionen. Das weiß auch der Gesetzgeber und hat sich deshalb Gedanken gemacht. Dabei kommt erfahrungsgemäß nicht immer etwas Sinnvolles heraus, aber in diesem Fall immerhin eine fassbare Definition für das Kleingewerbe.

Wie so oft ist es auch hier das liebe Geld, auf das es ankommt und das die Grenze setzt: Ein Kleingewerbe ist ein Unternehmen, das pro Jahr nicht mehr als 22.000 Euro Umsatz erzielt. Diese Obergrenze wurde erst im Jahr 2019 erweitert – zuvor galt ein engeres Limit von 17.500 Euro. In manchen veralteten Ratgebern ist deshalb noch diese Summe zu finden. Wir sind natürlich aktuell und bringen unsere Leser zuverlässig auf den neuesten Stand.

Damit haben Sie im Prinzip auch das entscheidende Kriterium, das aus einem Gewerbe ein Kleingewerbe macht, erfahren. Im Wesentlichen ist es wirklich nur der Umsatz. Die übrigen Unterschiede, die ein Kleingewerbe für Sie reizvoll machen könnte, sind lediglich eine Folge dieser Unterscheidung, keine Ursache. Sie führen kein Kleingewerbe, weil Sie weniger Steuern bezahlen und

Verwaltungsaufwand betreiben, sondern Sie dürfen weniger Steuern zahlen und weniger Verwaltungsaufwand betreiben, weil Sie ein Kleingewerbe führen. Klingt verwirrend? Ist es gar nicht. Wir schlüsseln Ihnen die Vorteile des Kleingewerbes in den folgenden Kapiteln auf.

Zusätzliche Einschränkungen bei einem Nebengewerbe

Das Kleingewerbe eignet sich hervorragend als **Nebengewerbe** und wird als solches auch häufig genutzt – allerdings benötigen Sie für ein Kleingewerbe nicht zwingend einen Hauptberuf. Wenn Sie Ihr Kleingewerbe als Nebengewerbe ausüben wollen, muss es allerdings besonders klein sein: Zum Beispiel darf Ihre Nebentätigkeit nicht mehr als 18 Stunden in der Woche betragen. Außerdem dürfen Sie etwaige Mitarbeiter nur geringfügig beschäftigen. Üben Sie Ihr Kleingewerbe hingegen als Hauptberuf aus, besitzen Sie in diesen Fragen deutlich mehr Spielraum.

An dieser Stelle muss darauf hingewiesen werden, dass Kleingewerbe und Nebengewerbe im Prinzip dasselbe sind. Der Begriff Nebengewerbe wird in erster Linie von den Krankenkassen verwendet. Die Einhaltung der genannten Kriterien entscheidet darüber, ob Sie eine zusätzliche Krankenversicherung für Ihr Kleingewerbe abschließen müssen.

Die Unterscheidung von Nebengewerbe und Nebentätigkeit spielt für Sie hingegen keine große Rolle: Ein Kleingewerbe, das als Nebentätigkeit ausgeübt wird, ist immer auch ein Nebengewerbe. Dass es darüber hinaus noch anderen Formen der Nebentätigkeit gibt, ist für Sie nicht interessant – schließlich wollen Sie ein Kleingewerbe gründen und nichts anderes tun. Eine andere Unterscheidung sollten Sie hingegen gut kennen: Der Unterschied zwischen Kleingewerbe und Kleinunternehmer beschäftigt uns im nächsten Abschnitt.

Ein gern umhergereichtes Gerücht müssen wir an dieser Stelle auch entkräften: Ein Nebengewerbe, so nebensächlich und klein es auch sei, ist nicht grundsätzlich steuerfrei. Wir werden in einem späteren Kapitel noch ausführlicher auf die Steuerpflicht eingehen, aber hier sei schon festgestellt: Alle Einnahmen aus Ihrem Nebengewerbe müssen Sie auch gegenüber dem Finanzamt angeben. Ob Sie darauf Steuern bezahlen müssen oder nicht, steht auf einem anderen Blatt. Einfach verschweigen dürfen Sie Ihren Verdienst jedoch nicht.

Nicht verwechseln: Kleingewerbe und Kleinunternehmer

Nicht verwechselt werden darf das Kleingewerbe mit dem Kleinunternehmer, auch wenn in der Alltagssprache beide Begriffe gerne synonym verwendet werden. Um ein Kleinunternehmer zu sein, müssen Sie nicht zwingend ein Kleingewerbe betreiben, und als Kleingewerbetreibender müssen Sie nicht in jedem Fall die **Kleinunternehmerregelung** in Anspruch nehmen.

Die Unterschiede zwischen Kleingewerbe und Kleinunternehmer sind in erster Linie steuerlicher Natur, denn die sogenannte Kleinunternehmerregelung ist eine spezielle **Steuerliche Regelung**, bei der es darum geht, keine Umsatzsteuer bezahlen zu müssen. Auch Freiberufler und GmbHs können diese Regelung für sich in Anspruch nehmen. Sie müssen dann allerdings auch mit der Kehrseite der Medaille leben und dürfen keinen **Vorsteuerabzug** geltend machen.

Der Verzicht auf Umsatzsteuer und Umsatzsteuervoranmeldung ist der offensichtliche und große Vorteil der Kleinunternehmerregelung. Eigentlich sollte es dann doch die selbstverständlichste Sache auf der Welt sein, diese Kleinunternehmerregelung für Ihr Kleingewerbe in Anspruch zu nehmen, oder etwa nicht? Aber ein paar Dinge gibt es dann doch zu beachten.

Zunächst einmal macht die Kleinunternehmerregelung Ihr Leben wirklich deutlich einfacher. Es entfällt ganz einfach eine Menge Papierkram, der Zeit kostet und Aufwand bedeutet. Das ist etwas, das sich wohl jeder wünscht, der sich mit dem Paragrafen- und Vorschriftendschungel des deutschen Geschäftslebens herumärgern muss. Außerdem ist es ja gerade der Sinn eines Kleingewerbes, den Aufwand und die Verpflichtungen möglichst gering zu halten. Die Kleinunternehmerregelung kann dabei eine wertvolle Hilfe sein.

Außerdem können Sie als Kleinunternehmer durch den Wegfall der Umsatzsteuer Ihren Kunden auch günstigere Preise anbieten und damit einen gewissen Wettbewerbsvorteil erreichen. Aber gerade dieser vermeintliche Vorteil kann sich in der Praxis auch schnell als Pferdefuß entpuppen: Er gilt nämlich nur für Privatkunden. Geschäftskunden sind von der Umsatzsteuer befreit und können sich diese wieder auszahlen bzw. im Vorfeld abziehen lassen. Wenn Sie sich mit Ihrem Kleingewerbe also vornehmlich an Privatkunden richten, dann ist der Wegfall der Umsatzsteuer ein wichtiger Faktor, der Ihnen in der Preisgestaltung einen entscheidenden Vorteil verschaffen und womöglich bei vielen Kunden den Ausschlag zu Ihren Gunsten geben kann.

Bei Geschäftskunden haben Sie indes diesen Vorteil nicht und müssen im Gegenteil sogar mit einem möglichen Nachteil leben: Der fehlende Ausweis der Umsatzsteuer wird gerade von Geschäftskunden oft als Zeichen mangelnder Seriosität interpretiert. Wenn Sie sich mit Ihrem Kleingewerbe vor allem an Geschäftskunden richten, dann sollten Sie also gut überlegen, ob Sie wirklich auf die Umsatzsteuer verzichten möchten.

Der Preisvorteil kann perspektivisch auch ein Nachteil sein: Wenn Sie ein reges Wachstum im Auge haben und Ihr Kleingewerbe früher oder später auf ein höheres Level bringen wollen, dann fällt die Kleinunternehmerregelung für Sie bei einer entsprechenden Vergrößerung aus. Das bedeutet, Sie müssen die Umsatzsteuer plötzlich in Ihre Preiskalkulation miteinbeziehen und an Ihre Kunden weiterreichen. Diese unerwartete Preissteigerung kann auch einen negativen Effekt haben.

Auch auf Ihren Finanzhaushalt kann sich die Inanspruchnahme der Kleinunternehmerregelung negativ auswirken. Wenn für Ihr Kleingewerbe viele Investitionen anstehen und gerade zu Beginn viel Ausrüstung – Büro-Interieur, ein Dienstwagen, ein Warensortiment oder ähnliches – angeschafft werden soll, dann sind das Kostenpunkte, die sich auf die Steuer anrechnen lassen. Entfällt aber die Umsatzsteuer, dann ist das nicht mehr möglich und Sie müssen die volle Ausgabenlast tragen. Ob Sie die Kleinunternehmerregelung in Anspruch nehmen sollten, können Sie anhand der folgenden kurzen Checkliste überprüfen:

Die Kleinunternehmerregelung ist dann für Sie zu **empfehlen**, wenn Sie

- ein Nebengewerbe gründen möchten
- wenige Ausgaben und / oder keinen großen Wareneinsatz haben
- vor allem auf Privatkunden abzielen

Die Kleinunternehmerregelung ist hingegen **nicht ratsam**, wenn Sie

- viele Ausgaben und / oder einen großen Wareneinsatz haben
- vor allem auf Geschäftskunden abzielen

Diese Hinweise sollten als allgemeine Orientierungspunkte verstanden werden. Sie können natürlich Ihre individuelle Situation nicht in ganzer Tiefe erfassen und abdecken. Ein Gespräch mit Ihrem Steuerberater wäre in jedem Fall eine sinnvolle Sache, damit auch kein persönliches Detail unberücksichtigt unter den Tisch fällt.

Anmelden können Sie sich für die Kleinunternehmerregelung übrigens ganz einfach beim Gewerbe- oder Finanzamt – entweder über den Gewerbeschein oder über den Fragebogen zur steuerlichen Erfassung. Haben Sie diese Gelegenheit verpasst, ist auch eine nachträgliche Anmeldung jederzeit möglich. Dazu genügt ein Brief an das zuständige Finanzamt, in dem Sie erklären, dass Sie von der Regelbesteuerung auf die Kleinunternehmerregelung wechseln möchten. Das Finanzamt wird nach Erhalt Ihres Schreibens eigenständig überprüfen, ob Sie für die Kleinunternehmerregelung infrage kommen oder nicht.

Für Sie nicht relevant: Kleinunternehmen und Kleinstunternehmen

Neben dem Kleinunternehmer treffen wir im Alltag mitunter noch auf die Begriffe Kleinunternehmen und Kleinstunternehmen. Alle drei Begriffe besitzen leider unterschiedliche Bedeutungsnuancen, was die Sache kompliziert und das Verständnis erschwert. Für Sie relevant ist nur die Kleinunternehmer-Regelung, die wir Ihnen gerade vorgestellt haben. Die beiden anderen Begriffe wollen wir nur kurz anreißen, damit Sie in Ihrem geschäftlichen Alltag eine korrekte Zuordnung vornehmen können:

- Als **Kleinunternehmen** bezeichnet die Europäische Union (EU) ein Unternehmen mit weniger als 50

Mitarbeitern und einem Umsatz bzw. einer Jahresbilanz unter 10 Millionen Euro. Auch das deutsche Finanzamt operiert mit dieser Definition. Für die Bundesagentur für Arbeit und für die Krankenkassen spielt dieser Begriff hingegen keine Rolle.

- Von einem **Kleinstunternehmen** ist hingegen nur auf EU-Ebene die Rede. Es bezeichnet ein Unternehmen mit weniger als 10 Mitarbeitern und einem Umsatz unter 2 Millionen Euro. Die zuständigen deutschen Stellen wie die Bundesagentur für Arbeit, das Finanzamt und die Krankenkassen verwenden diese Definition hingegen nicht.

Sie merken schon: Beide Definitionen haben mit der Kleinunternehmer-Regelung wenig zu tun, die genannten Zahlen sind sehr wahrscheinlich weit von dem entfernt, was Sie mit Ihrem Kleingewerbe anstreben und erreichen werden. Unter Umständen ist es sinnvoll, die Kleinunternehmerregelung für Sie in Anspruch zu nehmen. Damit führen Sie aber weder ein Kleinunternehmen noch ein Kleinstunternehmen. Es ist wichtig, dass Sie diese Unterscheidung beherzigen, denn nur mit einer korrekten Begrifflichkeit werden Sie in der unnachgiebigen Geschäftswelt weiterkommen.

Sie haben die Wahl: In Deutschland gilt die Gewerbefreiheit

Nicht nur die Gedanken, auch das Gewerbe ist frei: In Deutschland gilt die Gewerbefreiheit. Das bedeutet: Jeder, der möchte, darf ein Gewerbe ausüben – und zwar ein Gewerbe seiner Wahl. Ob klein oder groß, Sie dürfen grundsätzlich den Weg einschlagen, den Sie möchten. Zumindest in der Theorie. In der Praxis gibt es viele Regelungen und Vorschriften, die das Gründen eines Gewerbes erschweren. Allerdings sind viele dieser Regelungen und Vorschriften gerade für das Kleingewerbe nicht von Belang – und um das Kleingewerbe geht es uns ja vor allem.

Trotzdem: Über allen Formen des Gewerbes steht zunächst einmal der **Artikel 12 des deutschen Grundgesetzes**. Dieser besagt, dass alle Deutschen das Recht haben, »Beruf, Arbeitsplatz und Ausbildungsstätte frei zu wählen«. Da kommt zwar das Wort Gewerbe nicht vor, ist aber in der Sache durchaus mitgemeint. Und der **Paragraf 1 der Gewerbeordnung** stellt dazu fest, dass der Betrieb eines Gewerbes grundsätzlich jedermann gestattet ist – sofern nicht im Gesetz geregelte Ausnahmen oder Beschränkungen eben dies beeinträchtigen. Einige dieser Sonderfälle sehen wir uns im nächsten Abschnitt einmal genauer an.

Das Handwerk ist ein Sonderfall

Eine dieser Ausnahmen stellt das **Handwerk** dar. Tatsächlich lauern die meisten Fallstricke und Sonderregelungen bei der Anmeldung eines Kleingewerbes im Bereich des Handwerks. Das Handwerk ist in Deutschland nämlich ganz besonders vielschichtig reguliert. Um hierzulande ein Handwerk selbstständig ausüben zu dürfen, benötigen Sie eigentlich einen Meisterbrief. Wir formulieren bewusst relativierend »eigentlich«, denn in der Praxis können Sie ein Kleingewerbe im Handwerk auch ohne Meisterbrief betreiben. Entscheidend für diese Frage ist die Art der von Ihnen ausgeübten Tätigkeit.

Wenn Sie in einem Beruf tätig sind, der bei einer fehlerhaften Ausübung eine Gefahr für Kunden oder sonstige Personen darstellt, dann ist ein Meisterbrief zwingend vorgeschrieben. Der Meisterbrief garantiert Ihre fachgerechte Ausbildung – er »verbrieft« sozusagen Ihre Kenntnisse. Ob es sich bei Ihrem Handwerk um einen zulassungspflichtigen Beruf handelt, verrät Ihnen die Anlage A der Handwerksordnung. Ist Ihr ausgeübter Beruf bzw. Ihr angestrebtes Kleingewerbe dort aufgelistet, dann benötigen Sie einen Meistertitel. Sie müssen also eine Meisterprüfung ablegen, bevor Sie sich selbstständig machen dürfen.

Es gibt aber auch eine Reihe von zulassungsfreien Handwerksberufen. Als Parkettleger üben Sie beispielsweise eine handwerkliche Tätigkeit aus, von der üblicherweise keine Gefahr für Ihre Kunden oder andere Personen ausgeht. Deshalb sind hier die Bestimmungen etwas lockerer gehalten. Für solche zulassungsfreie Handwerksberufe benötigen Sie keinen Meistertitel, um ein Kleingewerbe anzumelden. In welche Kategorie Ihre Tätigkeit gehört, müssen Sie in der Handwerksordnung selbst recherchieren. In der Regel ist das aber keine große Sache.

Die Gastronomie benötigt eine Konzession

Falls Sie in der **Gastronomie** ein Kleingewerbe anmelden möchten, dann haben Sie es mit mehreren strengen Auflagen zu tun. Das gilt besonders, wenn Sie einen gastronomischen Betrieb in Eigenregie betreiben wollen – dieser fällt nämlich unter das **Gaststättengesetz**. Das Gaststättengesetz greift immer dann, wenn Sie Alkohol und Essen anbieten, das an Ort und Stelle verzehrt werden soll – selbst wenn es sich nur um einen kleinen improvisierten Imbissstand handelt. Konkret besagt dieses Gesetz, dass Sie für die Eröffnung Ihres Betriebs eine Konzession besitzen müssen. Diese Konzession muss bereits vor der Gewerbeanmeldung erworben werden – denn ohne die Konzession wird man Ihnen keinen Gewerbeschein ausstellen. Sie brauchen also für die Eröffnung eines Gastronomiebetriebs eine offizielle Erlaubnis.

Eine solche Konzession erhalten Sie in der Regel bei Ihrem zuständigen **Ordnungsamt**. Natürlich wird man Ihnen die Konzession nicht einfach auf Wunsch aushändigen. Die Zuständigkeit richtet sich dabei nach dem Ort, an dem Sie Ihren Gastronomiebetrieb betreiben wollen, nicht unbedingt nach Ihrem Wohnort. Wie fast immer lohnt sich auch hier ein Blick auf die offizielle Webseite Ihrer Gemeinde: In vielen Fällen werden Sie dort alle benötigten Formulare zum Download finden, so dass Ihnen die Beantragung der gewünschten Konzession erleichtert wird. Mit dem bloßen Ausfüllen verschiedener Formulare ist es allerdings nicht getan: Sie müssen in jedem Fall Ihre besondere Qualifikation nachweisen können. Neben einer umfassenden Fach- und Sachkenntnis müssen Sie auch Kenntnisse der geltenden hygienischen Vorschriften belegen. Einen solchen Beleg wiederum stellt Ihnen die IHK aus, nachdem Sie dort eine Art »Erste-Hilfe-Kurs« in Sachen Hygiene durchlaufen haben – ganz ähnlich wie der Erste-Hilfe-Kurs, den Sie für eine Führerscheinprüfung ablegen müssen. Auch Alkohol dürfen Sie nicht ohne entsprechende Nachweise von diesbezüglichem Fachwissen ausschenken. (Punkte in Flensburg wegen Fahrens unter Alkoholeinfluss gelten übrigens nicht als solcher Nachweis...)

Weil außerdem noch Ihre genutzten Räumlichkeiten den Vorschriften und Standards entsprechen müssen, kommen Sie um ein Gespräch mit der zuständigen Gewerbeaufsicht kaum herum. Nehmen Sie diese Regeln aber nicht als Schikane, sondern als wichtige und sinnvolle Kontrollen, die uns letzten Endes allen helfen: Sie möchten schließlich auch sicher sein, dass es mit rechten Dingen zugeht, wenn Sie irgendwo einen Imbiss verzehren oder ein Bier bestellen!

Wenn Sie sich als Existenzgründer also mit der Kleingewerbeanmeldung für den Gastronomiebereich beschäftigen, dann seien Sie sich darüber im Klaren, dass Sie eine Vielzahl von Vorschriften beachten und einiges an Vorarbeit leisten müssen, ehe Sie Ihren Gewerbeschein mit Erfolg beantragen können. Sie müssen gerade in diesem sensiblen Bereich auch jederzeit mit unangemeldeten Kontrollen rechnen. Wenn bei diesen Kontrollen ein Verstoß gegen Vorschriften festgestellt wird, kann das ernst zu nehmende Konsequenzen für Sie haben – bis hin zur Schließung Ihres Betriebs. Deshalb gilt in der Gastronomie noch mehr als anderswo: Die richtige Vorbereitung ist wichtig! Sprechen Sie mit den zuständigen Stellen und fragen Sie nach. An die eigentliche Anmeldung dürfen und sollten Sie erst denken, wenn Sie alle geforderten Nachweise für Ihre Eignung zusammengetragen haben.

Erst *informieren – dann servieren!* Wir wünschen Ihnen auf jeden Fall Erfolg. Wenn Sie bei uns in der Nähe sind, dann schauen wir bestimmt mal bei Ihnen rein und probieren! Denn Sie kriegen das hin, da sind wir uns sicher.

Kleingewerbe-Regel Nr. 1: Sie sind kein Kaufmann!

Die vielleicht wichtigste Regel für das Kleingewerbe lautet: Sie sind kein Kaufmann! Und das ist gut so. Sehr gut sogar. Es bedeutet für Sie eine große Erleichterung. Sie müssen sich nämlich bei einem Kleingewerbe nicht mit den Buchführungspflichten eines Kaufmanns herumplagen. Natürlich haben Sie auf der anderen Seite auch etwas weniger unternehmerische Freiheit als ein Kaufmann, aber die klaren Regeln und Beschränkungen ermöglichen gerade am Anfang vielen Neulingen einen besseren und leichteren Einstieg in die oft nicht ganz einfache Geschäftswelt. Sitzen Sie erst einmal fest im Sattel und wissen genau, was Sie wollen, dann spricht auch nichts gegen ein Upgrade – Sie sind nicht auf das Kleingewerbe festgelegt, sondern können jederzeit Ihre Tätigkeit erweitern. In gewisser Weise stellt das Kleingewerbe die Schwimmärmel oder die Stützräder für das Geschäftsleben dar. Sie gewinnen eine starke Karte, die Sie ausspielen können, aber Sie sind nicht gezwungen, alles auf diese einzige Karte zu setzen. Ein beruhigendes Gefühl, nicht wahr?

Falls Sie jetzt denken, dass Sie ohnehin nicht als Kaufmann tätig sein können, weil sie keine entsprechende Ausbildung genossen haben, müssen wir Sie leider berichtigen: Das Handelsgesetzbuch (HGB), das in diesem Fall die maßgebliche Instanz ist, sieht das nämlich ganz anders. Dort ist bereits im ersten Paragraphen zu lesen, dass jeder, der ein Handelsgewerbe betreibt, auch ein Kaufmann im Sinne des Handelsgesetzbuches ist. Gerade deshalb ist es auch so wichtig, dass Sie sich mit Ihrer Entscheidung für ein Kleingewerbe vom Kaufmannsbegriff distanzieren.

Grundsätzlich gehören Sie bei der Ausübung jeder Art gewerblicher Tätigkeit zu den Kaufleuten. Von dieser Regelung ausgenommen sind nur Unternehmen, die keinen »in kaufmännischer Weise eingerichteten Geschäftsbetrieb« erforderlich machen. Hinter dieser etwas verschwurbelten Formulierung verbirgt sich ein ganzer Pflichten- und Vorschriftenkatalog, der im Handelsgesetzbuch für Kaufleute festgehalten ist. Der Staat unterstellt Kaufleuten ein gehöriges Maß an Erfahrung und Sachkenntnis und nimmt sie in die Verantwortung. Im Vergleich dazu gewährt er Privatpersonen und Kleingewerbetreibenden weitaus mehr Schutz. Glauben Sie uns: Für Sie ist es eine große Erleichterung, wenn Sie nicht als Kaufmann gelten und mit der Bürde des vollen Handelsgesetzbuches arbeiten müssen. Es ist deshalb wichtig, dass Sie die Regeln des Kleingewerbes kennen, um auch wirklich als Kleingewerbetreibender anerkannt zu werden. Wenn Sie das nämlich nicht tun, dann rechnet Sie der Gesetzgeber automatisch den Kaufleuten zu – auch dann, wenn Sie sich nicht als Kaufmann registrieren lassen! Dann sind Sie ganz plötzlich Kaufmann, ohne es zu merken und ohne es zu wissen. Und davon hätten Sie als frischgebackener Existenzgründer rein gar nichts.

Die Kleingewerbe-Regel Nr. 1 gilt übrigens nicht für die Ewigkeit. Damit ist nicht gemeint, dass sich der Gesetzgeber die Sache irgendwann anders überlegen könnte. Nein, damit müssen Sie immer rechnen, dass der Gesetzgeber die Regeln anpasst. Aber ganz ohne Anpassung der Regeln kann es durchaus vorkommen, dass Sie mit Ihrem Kleingewerbe so erfolgreich sind, dass Sie irgendwann umfirmieren müssen – und dann werden Sie auch Kaufmann, ob Sie das wollen oder nicht. Aber keine Sorge: Wenn Sie derart erfolgreich sind, dass Sie die Grenzen des Kleingewerbes sprengen, dann brauchen Sie sich um solche formalen Fragen sicher keine Sorgen machen – denn dann haben Sie die Regeln wirklich längst verstanden und werden das Kind schon schaukeln.

Freiberufler müssen in der Regel kein Gewerbe anmelden

Freiberufler sind üblicherweise keine Gewerbetreibenden. Als Freiberufler müssen Sie also kein Gewerbe anmelden. Das erscheint auf den ersten Blick ein wenig verwirrend und widersprüchlich, schließlich treffen die meisten Charakteristika eines Gewerbes auch auf den Freiberufler zu: Sie gehen diesem Beruf öffentlich, dauerhaft und gewinnorientiert nach. Mehr noch: Es ist Ihnen in vielen Fällen gar nicht möglich, selbstständig zu entscheiden, ob Sie Ihre Tätigkeit als Kleingewerbe oder als Freien Beruf ausüben. Denn häufig hat der Staat bereits klare Regelungen erlassen, die Sie in Ihrer Wahl einschränken und Ihnen eine Richtung vorgeben.

Sowohl als Freiberufler als auch als Kleingewerbetreibender kommen Sie in den Genuss erheblicher steuerlicher Vorteile. Da es uns aber vor allem um das Kleingewerbe geht, beschränken wir uns an dieser Stelle vor allem auf die Unterschiede zwischen Freiberuflern und Kleingewerbetreibenden.

Wenn Sie eine wissenschaftliche, unterrichtende, erziehende oder künstlerische, auch schriftstellerische, Tätigkeit selbstständig ausüben, dann sind Sie ein Freiberufler, denn bei den genannten Bereichen handelt es sich nicht um gewerbliche Tätigkeiten. Man spricht hier auch von Katalogberufen und katalogähnlichen Berufen.

Wir gehen im Kapitel 3.1.1 noch genauer auf die Unterscheidungsmöglichkeiten zwischen Freien Berufen und Gewerbe ein und nennen Ihnen auch einige Beispiele. Als Freiberufler müssen Sie einfach nur einen steuerlichen Erfassungsbogen ausfüllen. Übrigens können Sie auch als Freiberufler von der Kleinunternehmerregelung profitieren.

Die Abgrenzung zu privaten Geschäften und ehrenamtlichen Tätigkeiten

Ebenfalls nicht immer ganz einfach ist die Abgrenzung des Gewerbes gegenüber privaten Geschäften und ehrenamtlichen Tätigkeiten. Prominentestes Beispiel ist hier wohl der private Ebay-Verkäufer, der immer wieder einmal Angebote einstellt. Grundsätzlich liegt hier kein Gewerbe vor, auch nicht bei verschiedenen Formen von Nachbarschaftshilfe – Rasenmähen, Babysitten, Einkaufen –, für die es unter Umständen ein fest vereinbartes Entgelt gibt. Sporadische Dienstleistungen unter Privatleuten gelten als nicht gewerbliche Aktivitäten und benötigen demzufolge auch keinen Gewerbeschein.

Aber Vorsicht: Eine an sich harmlose private Unternehmung kann sich schnell zu einem richtigen Gewerbe auswachsen, wenn der entsprechende Umfang erreicht und gesprengt wird. Nehmen wir wieder das beliebte Beispiel des Ebay-Verkäufers: Hier kann die an sich harmlose private Tätigkeit von einem eher sporadisch ausgeübten Hobby, dass der Entrümpelung der eigenen Räumlichkeiten und dem Aussortieren nicht mehr benötigter Besitztümer dient, schnell zu einem professionellen Gewerbe werden. Prüfen Sie Ihr Verhalten: Wenn Sie nicht nur regelmäßig Dinge einstellen, sondern auch gezielt auf Flohmärkten und anderen Plattformen nach Gegenständen suchen, die Sie nur zum Zweck des gewinnorientierten Weiterverkaufs erstehen, dann handelt es sich nicht länger um Privatverkäufe, sondern um eine gewerbliche Unternehmung. Schon mancher Ebay-Händler, der sich als privater Verkäufer auf der sicheren Seite wähnte, erlebte eine böse Überraschung. Übrigens: Die Unterscheidung ist gar nicht so schwer. Die meisten

Menschen merken sehr schnell, wenn aus einem Hobby eine professionelle Tätigkeit geworden ist. In vielen Fällen wird es nur einfach geflissentlich ignoriert, um Mühe und Geld zu sparen. Halten Sie die Augen offen und seien Sie ehrlich zu sich selbst, dann kommen Sie auch meist nicht in Schwierigkeiten.

Das Ehrenamt ist kein Gewerbe, aber nicht immer steuerfrei

Keine Sorgen machen müssen sich Menschen, die sich im Ehrenamt engagieren. Allerdings bedeutet ein Ehrenamt nicht, dass Sie aufgrund der guten Absicht automatisch von allen Steuerpflichten befreit sind. Im Ehrenamt müssen Sie jedoch kein (Klein-)Gewerbe anmelden.

Eine ehrenamtliche Tätigkeit fällt nicht unter das Arbeitsrecht. Ausnahmsweise unterstellt Ihnen der Staat bei der Ausübung eines Ehrenamtes zunächst einmal gute Absichten. Die müssen nicht einmal unentgeltlich sein: Auch wenn Sie für die Ausübung Ihres Ehrenamtes eine Aufwandsentschädigung enthalten, wird daraus noch lange keine gewerbliche Tätigkeit. Unter Umständen kann es allerdings notwendig sein, die Einkünfte aus dem Ehrenamt zu versteuern. Das gilt vor allem dann, wenn diese über eine reine Kompensation der Auslagen hinausgehen. Wenn Sie in einem Sportverein aktiv sind, und die Kosten für die dabei benötigte und getragene Sportkleidung erstattet bekommen, ist das kein für die Einkommenssteuer relevantes Einkommen. Wenn Sie aber zum Beispiel für einen Verein als Schatzmeister oder Präsident tätig sind und dafür bezahlt werden, dann zählt das zu ihrem sonstigen Einkommen für die Einkommenssteuer hinzu. Aber in letzter Instanz sollten Sie solche Detailfragen mit Ihrem Steuerberater klären.

Eines gilt in jedem Fall verbindlich: Ein Ehrenamt ist kein Kleingewerbe und wird steuerlich anders gehandhabt. Wenn Sie sich bürgerschaftlich engagieren, zum Beispiel in einem eingetragenen Verein (dabei müssen Sie nicht einmal dort Mitglied sein), dann billigt Ihnen der Staat gute Absichten zu und lässt Ihnen einen gewissen Spielraum. Ein gewinnorientiertes Kleingewerbe ist jedoch nicht durch die Regelungen für eine ehrenamtliche Tätigkeit abgedeckt.

Kein Kleingewerbe: Scheinselbstständigkeit und Liebhaberei

Bevor Sie ein Kleingewerbe anmelden, sollten Sie unbedingt sicherstellen, dass Sie weder eine **Scheinselbstständigkeit** noch eine **Liebhaberei** ausüben. Beides kann Ihnen nämlich ziemlich den (Geschäfts-) Tag versauen. Aber der Reihe nach:

Die Anmeldung eines Kleingewerbes soll für Sie der Schritt in die Selbstständigkeit sein. Dabei sollten Sie aber sorgfältig darauf achten, dass diese Selbstständigkeit **keine Scheinselbstständigkeit** ist. Was hat haben Sie sich unter diesem Begriff vorzustellen? Eine Scheinselbstständigkeit liegt vor, wenn Sie zum Beispiel mit Ihrem Kleingewerbe nur für einen einzigen Großkunden tätig sind. Wenn Sie eine handwerkliche Dienstleistung als Maler anbieten, in der Praxis aber nur in einer einzigen Firma tätig sind, dann sind Sie nicht unabhängig und selbstständig, sondern gegenüber dieser einzigen Firma weisungsgebunden und von ihr abhängig. In der Praxis sind Sie damit den übrigen Arbeitnehmern dieser Firma gleichgestellt. Damit erfüllen Sie das Kriterium der Scheinselbstständigkeit, denn Ihre Selbstständigkeit existiert nur auf dem Papier.

Warum ist Scheinselbstständigkeit ein Problem?

Aber warum ist das ein Problem? Sie erledigen Ihre Arbeit doch trotzdem zuverlässig und versteuern auch Ihr Einkommen? Das mag sein – aber Sie bzw. die Firma, die

Sie als Scheinselbstständigen beauftragt, zahlen weniger Steuern und Sozialversicherungsbeiträge als Sie eigentlich müssten. Und Sie ahnen es schon: Das gefällt dem deutschen Staat überhaupt nicht. Denn der Staat geht davon aus, dass Sie oder Ihr Auftraggeber damit wissentlich und aus unlauterer Motivation die bestehende Abgabenpflicht unterlaufen. Deshalb steht auf eine Scheinselbstständigkeit auch Strafe – und die kann sich schnell auf mehrere Tausend Euro belaufen. Für einen Kleinunternehmer eine durchaus existenzbedrohende Summe! Achten Sie deshalb darauf, die Scheinselbstständigkeit zu meiden. Dabei geht es nicht nur um die Frage, ob Sie mit Vorsatz handeln. Mitunter können Sie ganz ungewollt in die Scheinselbstständigkeit abrutschen. Aber im Nachgang interessiert es niemanden, ob Sie die Sache beabsichtigt haben oder nicht, solange nur die Kriterien erfüllt sind. Deshalb müssen Sie wachsam sein und die Entwicklung Ihres Kleingewerbes im Auge behalten.

Wie können Sie Scheinselbstständigkeit vermeiden?

Wie können Sie eine strafbewehrte Scheinselbstständigkeit vermeiden? Mitunter ist die Unterscheidung nicht immer ganz einfach, aber unbedingt erforderlich – denn Unwissenheit schützt vor Strafe nicht. Der Gesetzgeber erwartet von Ihnen, dass Sie selbst alle nötigen Informationen erwerben, die Ihnen dabei helfen, sich vor einer Scheinselbstständigkeit zu schützen. Falls Sie die geltenden Regeln – unwissentlich oder wissentlich – nicht befolgen, dann trifft Sie die volle Härte des Gesetzes. Mildernde Umstände gibt es nicht! Behalten Sie deshalb Ihr Geschäft im Auge und vermeiden Sie alle Verhaltensmuster, die auf eine Scheinselbstständigkeit hinweisen könnten.

Zuallererst ist es wichtig, dass Sie sich grundlegend über das Thema Scheinselbstständigkeit informieren. Mit der Lektüre dieses E-Books und vor allem dieses Unterkapitels haben Sie schon einen großen Schritt in diese Richtung unternommen. Falls Sie Verträge mit Kunden und Auftraggebern unterzeichnen, prüfen Sie diese genau: Wie sieht es dabei mit der Selbstständigkeit aus? Behalten Sie weiter Ihre unternehmerische Unabhängigkeit? Bleibt das unternehmerische Risiko auf Ihrer Seite? Ganz wichtig: Sie dürfen sich nicht exklusiv an einen Auftraggeber binden. Wenn Sie Ihrem Kunden vertraglich versichern, nur noch für Ihn tätig zu sein und keine weiteren Aufträge von anderen Kunden zu akzeptieren, dann ist das ein sehr deutliches Indiz für eine Scheinselbstständigkeit. Bei einer Überprüfung durch das Finanzamt wird diese Klausel mit Sicherheit so gewertet werden!

Für das Finanzamt von besonderer Bedeutung ist auch das Stichwort Steuern. Wenn Sie Ihre Sozialabgaben und Steuern in eigener Verantwortung abführen, dann sieht das gut aus und spricht für Ihren Status als selbstständiger Betreiber eines Kleingewerbes. Übernimmt hingegen Ihr Arbeitgeber Ihre diesbezüglichen Abgaben, dann deutet das auf eine Scheinselbstständigkeit hin. Außerdem sind Transparenz und Eindeutigkeit für alle Ihre Verträge entscheidend. Der Umfang Ihrer Tätigkeit und das Ihnen dafür zustehende Honorar sollten ganz klar und eindeutig definiert sein. Es ist wichtig, dass dabei kein Spielraum für Mehrdeutigkeiten bleibt – denn diese werden vom Finanzamt gerne als Verschleierung interpretiert und als Hinweis auf eine Scheinselbstständigkeit gewertet.

Aber selbst ohne Exklusivverträge kann eine Abhängigkeit von einem einzigen Auftraggeber bestehen, die eine Scheinselbstständigkeit nahelegt. Wenn Sie mehr als die

Hälfte Ihrer Arbeitszeit für einen einzigen Auftraggeber aufwenden, dann stellt das Ihre unternehmerische Unabhängigkeit und Selbstständigkeit durchaus infrage. Wenn Sie für Ihre Arbeitsmittel – zum Beispiel Ihr Werkzeug – ein regelmäßiges Nutzungsentgelt bezahlen müssen, dann sind Sie möglicherweise nicht so selbstständig, wie Sie glauben oder vorgeben.

Es ist wichtig, dass Sie sich diese Fragen alle mit großer Ehrlichkeit beantworten. Sie haben nichts davon, wenn Sie die Dinge zu Ihren Gunsten aufrunden – denn das Finanzamt wird das sicher nicht tun. Im Zweifel kann eine offizielle Statusfeststellung durch ein Steuerbüro alle Unklarheiten beseitigen und Ihnen Sicherheit bringen.

Treffen Sie aber auch vorsorgliche Gegenmaßnahmen, um eine mögliche Selbstständigkeit schon frühzeitig im Keim zu ersticken: Treten Sie mit Ihrem Unternehmen öffentlich auf. Inserieren Sie in analogen Medien oder im Internet für Ihre Dienstleistung bzw. Ihr Angebot. Lassen Sie keinen Zweifel daran, dass Sie als unabhängiger Kleingewerbetreibender auf der Suche nach Kunden sind. Nehmen Sie Aufträge von verschiedenen Kunden an und achten Sie vor allem darauf, nicht den Großteil Ihres Kontingents für einen einzigen Auftraggeber zu reservieren.

Ein Profi-Tipp, um unerwünschten finanziellen Ansprüchen vonseiten der Rentenversicherung aus dem Weg zu gehen, ist die Empfehlung, Ihre Angebote in pauschaler Form anzubieten. Pauschalangebote machen das Aufschlüsseln und den Vergleich Ihrer Arbeitsleistung schwieriger. Präsentieren Sie sich außerdem als Fachmann und Kenner auf Ihrem Gebiet. Sei es durch Blog-Artikel auf Ihrer Homepage oder durch das Abfassen von Ratgebern, die Sie als E-Book vertreiben. Damit machen Sie sich einen Namen und stärken Ihre Marke als unabhängiger und selbstständiger Experte.

Liebhaberei ist gar nicht liebenswert – und nicht zu verwechseln mit dem Ehrenamt

Ähnlich problematisch wie die Scheinselbstständigkeit ist die **Liebhaberei**. Anders als der Name vielleicht vermuten lässt, ist eine Liebhaberei überhaupt nicht liebenswert – jedenfalls nicht in den Augen des Finanzamts. Der Begriff der Liebhaberei taucht tatsächlich wortwörtlich im Steuerrecht auf. Und er ist alles andere als positiv besetzt. Aber der Reihe nach: Im steuerlichen Sinn versteht man unter einer Liebhaberei eine Tätigkeit, die ohne die Absicht, einen Gewinn zu erzielen, ausgeübt wird. Die Liebhaberei darf aber nicht verwechselt werden mit dem Ehrenamt! Ein Ehrenamt kann, wie wir bereits gelernt haben, durchaus mit der Erzielung von Gewinnen einhergehen und findet dann auch Berücksichtigung bei der Berechnung der Einkommenssteuer.

Bei der Liebhaberei aber wird eine Tätigkeit ausgeübt, die nur mit Verlusten behaftet ist und deshalb nicht versteuert werden kann. Nun wird das Finanzamt aber immer sehr misstrauisch, wenn irgendwo irgendetwas nicht zu versteuern ist. Denn das Finanzamt möchte bekanntlich alles versteuern und aus jeder Tasche seinen Obolus empfangen. Wenn Sie über einen längeren Zeitraum eine Tätigkeit ausüben, die nur Verluste, aber keine Gewinne einbringt, dann wird das Finanzamt nervös. Das liegt vor allem daran, dass für viele Ehepaare die Liebhaberei ein ideales Steuersparmodell ist: Während der eine Partner einen guten Verdienst hat, macht der andere mit seiner

Liebhaberei Verluste und kann diese Verluste steuersparend auf das Einkommen des gewinnerzielenden Partners anrechnen. Das bedeutet: Effektiv muss das hohe Einkommen der Familie nicht in vollem Umfang versteuert werden! Die Verluste bringen also im Idealfall Erfüllung und Gewinn – wenn auch auf einem steuerrechtlichen Umweg.

Das gefällt dem Finanzamt natürlich nicht! Kommt das Finanzamt zu der Überzeugung, dass es sich bei Ihrer angemeldeten Tätigkeit – ganz unabhängig davon, ob es sich um ein Gewerbe, einen Freiberuf oder eine Vermietung oder Verpachtung handelt – um eine Liebhaberei handelt, dann kann es Ihnen die gewährten steuerlichen Vergünstigungen wieder entziehen. Dies geschieht überdies rückwirkend, so dass Sie mit einem Mal erhebliche Summen an das Finanzamt überweisen müssen! Ein solcher Zahlungsbescheid kann für Ihr Unternehmen schnell zu einer existenziellen Bedrohung werden, deshalb sollten Sie es unbedingt vermeiden, als Liebhaberei eingestuft zu werden. Da wir aber ohnehin davon ausgehen, dass Sie Ihr Kleingewerbe mit Gewinn betreiben möchten, wollen wir es bei diesem Hinweis belassen.

Fazit: Es ist keine gute Idee, ein Kleingewerbe nur anzumelden, um dem Familieneinkommen die eine oder andere Steuerzahlung zu ersparen. Allerdings müssen Sie jetzt auch nicht befürchten, dass Sie bei einem zähen Start Ihres Kleingewerbes gleich Ärger mit dem Finanzamt bekommen. Nur, wenn Sie über einen längeren Zeitraum hinweg deutliche Verluste einfahren, droht eine entsprechende Einstufung. Zu Ihrer Orientierung: Wenn Ihr jährlicher Gewinn unter 410 Euro beträgt, geht das Finanzamt grundsätzlich von einer Liebhaberei aus.

Ein **Hobby** ist übrigens keine Liebhaberei. Ein Hobby ist eine Tätigkeit, die Sie ohne Gewinnabsicht ausüben dürfen – deren Kosten Sie aber auch nicht über das Finanzamt auf Ihre Steuer anrechnen lassen können, weder im Positiven noch im Negativen. Aus diesem Grund müssen Sie übrigens auch die Gewinne aus einem möglichen Glücksspiel nicht versteuern. Es handelt sich um Erträge aus Ihrem Hobby. Wenn Sie in Ihrem Stamm-Casino die Bank sprengen, verdient das Finanzamt allerdings trotzdem mit – es belegt nämlich den Casino-Betreiber mit saftigen Steuern. Eine Ausnahme von dieser Regel stellen professionelle Spieler dar. Wenn Sie Ihr Geld nur mit Glücksspiel verdienen, dann könnten Sie unter Umständen steuerpflichtig sein. Aber das ist zum einen noch nicht letztlich im deutschen Recht geklärt – und außerdem würden Sie sich dann wahrscheinlich eher nicht für die Gründung eines Kleingewerbes interessieren und dieses E-Book lesen. Die Wahrscheinlichkeit, mit einem gut organisierten und strukturierten Kleingewerbe finanziellen Erfolg zu haben, ist übrigens deutlich größer als ein Lottogewinn. Überlegen Sie sich also gut, auf welches Pferd Sie setzen!

Dokumentation ist der beste Schutz vor Scheinselbstständigkeit und Liebhaberei

Wenn Sie sich gegen den Verdacht der Scheinselbstständigkeit und / oder Liebhaberei effektiv zur Wehr setzen möchten, dann haben Sie neben den weiter oben aufgeführten Vorschlägen und Tipps vor allem eine Möglichkeit: eine ausführliche und transparente Dokumentation. Dokumentieren Sie Ihre Kundenwerbung, Ihre Angebote, das heißt Preise und Leistungen – und vor allem auch Ihre eindeutige Gewinnabsicht. Gerade wenn es um einen

Streitfall in Sachen Liebhaberei kommt, ist es von größter Bedeutung, dass aus Ihren Unterlagen deutlich hervorgeht, dass Sie in dem fraglichen Zeitraum eindeutig auf eine Gewinnerzielung aus waren und die möglichen Verluste eben nicht im Blick hatten. Aber ganz generell gilt: Je mehr Sie nachweisen und belegen können, je transparenter Ihr Unternehmen ist, desto weniger Nährboden findet der Zweifel. Natürlich bedeutet das nicht, dass Sie über die für ein Kleingewerbe übliche Buchführungspflicht hinausgehen müssen. Schließlich ist es ja gerade der gute Sinn des Kleingewerbes, dass Ihr administrativer Aufwand geringer ausfällt. Aber im Rahmen dessen, was Sie vorlegen müssen, sollten Sie größtmögliche Klarheit und Eindeutigkeit erzielen. Auch für Ihre Kundengewinnung ist es sicher nur von Vorteil, wenn Sie sich möglichst authentisch und verlässlich präsentieren.

Unternehmungslust tut gut: Diese Gründe sprechen für ein Gewerbe

Nur wer sich bewegt, kommt auch weiter. Wenn Sie nach all den vorangegangenen Definitionen und Beschränkungen ein wenig ins Grübeln gekommen sind, ob Sie sich überhaupt für ein Gewerbe eignen und ob Sie diese Unternehmung wirklich auf sich nehmen möchten, dann lassen Sie uns an dieser Stelle kurz innehalten und auf die guten Gründe schauen, die das Betreiben eines Kleingewerbes nahelegen. Es steckt nämlich eine ganze Menge für Sie drin – Sie müssen es nur richtig anstellen.

- **Mehr Geld:** Ein Kleingewerbe bietet Ihnen die Chance auf einen komfortablen Zusatzverdienst. Mehr Geld ist immer willkommen und in vielen Fällen auch dringend nötig. Wenn das Haupteinkommen nicht ausreicht, bietet sich das Kleingewerbe als Nebenerwerb an, der die klammen Kassen aufbessert. Diese Option steht praktisch allen Interessierten zur Verfügung: Studenten, (Früh-)Rentner, Angestellte, Hausfrauen, Arbeitslose – sie alle können auf einfache Weise durch die Gründung eines Kleingewerbes ihre finanziellen Verhältnisse deutlich entspannter gestalten. Weniger Geldsorgen bedeuten auch immer mehr Lebensqualität – und mehr Möglichkeiten.
- **Mehr Möglichkeiten:** Sie sind mit einem Kleingewerbe nicht mehr auf ausgetretene Pfade angewiesen. Auch Schulabschluss und Zeugnisse stellen bei einem Kleingewerbe keinen störenden Flaschenhals mehr dar. Sie können die Grenzen des Systems überwinden – oder zumindest bislang ungenutzte Freiräume für Ihre eigenen Zwecke fruchtbar machen. Mit einem Kleingewerbe eröffnen sich Ihnen Wege und Abzweigungen,

die Sie vielleicht gar nicht erwartet und in Ihre Lebensplanung miteinbezogen hätten.

- **Mehr Selbstständigkeit:** Sie stehen mit einem Kleingewerbe auf eigenen, stabilen Füßen. Das schafft Sicherheit und Selbstständigkeit. Sie sind als Betreiber eines Kleingewerbes weniger abhängig von den Gegebenheiten. Sie haben plötzlich Alternativen. Das schafft Ruhe und Raum – gerade auch, wenn es im Hauptverdienst einmal nicht so gut läuft und vielleicht sogar die Arbeitslosigkeit droht. So manches Kleingewerbe war im Nachgang auch so erfolgreich, dass es sich zu einem veritablen Hauptverdienst ausgewachsen hat. Vielleicht beginnt mit dem Kleingewerbe Ihre persönliche Erfolgsgeschichte?
- **Mehr Befriedigung:** Die Suche nach dem Sinn füllt ganze Bücher. Anstatt endlose Regalmeter an Ratgeberliteratur zu wälzen, können Sie mit einem Kleingewerbe Ihrem Leben einen neuen und erfüllenden Sinn geben. Gerade Ruheständler, die sich mit dem finalen Abschied aus der Arbeitswelt nicht abfinden wollen, finden häufig in einem Kleingewerbe eine neue Tätigkeit, die ihnen Befriedigung und Bestätigung verschafft. Wenn das Leben einen guten Sinn und eine Richtung hat, dann ist das die bestmögliche Steigerung an Lebensqualität, die Sie sich wünschen können.

Vor- und Nachteile eines Kleingewerbes

Die Vorteile eines Kleingewerbes liegen auf der Hand: Praktisch jeder darf es und jeder kann es. Die Gründung eines Kleingewerbes gestaltet sich denkbar einfach und ist kaum mit komplexen Regeln und Vorbedingungen belastet. Außerdem kostet es nicht viel: Für ein Kleingewerbe benötigen Sie nämlich kaum Startkapital. Das finanzielle Risiko gestaltet sich also überschaubar, Sie müssen nicht langwierig mit Ihrer Bank verhandeln und auch keinen Kredit aufnehmen. Besonders niedrig fällt das Risiko aus, wenn Sie das Kleingewerbe als Nebengewerbe führen und nicht als Hauptgewerbe. In diesem Fall können Sie sich bei einem Scheitern immer auf Ihren eigentlichen Broterwerb zurückziehen – und im Falle eines Erfolges können Sie das Kleingewerbe jederzeit ausbauen und vielleicht sogar irgendwann ganz zu Ihrem Hauptberuf machen. Bummelzug oder Intercity: Die Entscheidung darüber liegt allein bei Ihnen.

Es entfällt zudem weitgehend die Buchführungspflicht gegenüber dem Finanzamt. Sie müssen zwar Ihre Einnahmen und Ausgaben erfassen, die Posten aber nicht im Einzelnen detailliert aufschlüsseln. Genaueres zu diesem wichtigen Thema erfahren Sie im Unterkapitel 3.2.5 zur Buchführungspflicht. Die damit einhergehende Zeitersparnis ist nicht zu unterschätzen – schließlich ist Zeit eine wertvolle und seltene Ressource, und gerade für einen möglichen Nebenerwerb können Sie Zeit nur in sehr begrenztem Maße aufwenden.

Nun hat das Kleingewerbe nicht nur Vorteile, sondern auch ein paar Nachteile. Ein Nachteil ist allerdings gleichzeitig ein großer Vorteil: Durch die geringere Vielfalt der

Möglichkeiten im Vergleich zum vollwertigen Gewerbe wird die ganze Sache deutlich einfacher und bietet weniger Fallstricke für unerfahrene Existenzgründer. Der Staat nimmt Sie als Kleingewerbetreibenden weit weniger in die Pflicht als den Betreiber eines regulären Gewerbes. Die Spielregeln, eigentlich ein meterdickes Buch mit vielen, vielen Vorschriften, ist für das Kleingewerbe deutlich entschlackt worden. Sie haben zwar weniger Rechte – aber auch weit weniger Pflichten. Und bei Weitem die meisten Rechte, auf die Sie bei einem Kleingewerbe verzichten müssen, spielen für Sie überhaupt keine Rolle – das gilt umso mehr, wenn Sie das Kleingewerbe als Nebengewerbe führen möchten. Weniger ist auch in diesem Fall sprichwörtlich mehr. Mehr Sicherheit, mehr Durchblick, mehr Vorankommen.

Auch der gravierendste Nachteil des Kleingewerbes soll hier nicht verschwiegen werden: Sie haften im Verlustfall mit Ihrem gesamten Privatvermögen. Das ist keine Kleinigkeit und kann sich in bestimmten Fällen sehr unangenehm und geradezu existenzbedrohend auswirken. Diesen speziellen Punkt sollten Sie deshalb unbedingt bedenken, bevor Sie Ihr Kleingewerbe anmelden. Besonderes Gewicht erhält die Haftungspflicht vor allem bei einem Kleingewerbe, das Sie nicht allein, sondern in Partnerschaft mit weiteren natürlichen Personen betreiben. In diesem Fall sind Sie nämlich nicht nur für sich selbst, sondern auch für Ihre Partner verantwortlich. Sie sollten also nicht nur genau wissen, was Sie tun, sondern auch, mit wem Sie es tun.

Es bestehen außerdem Einschränkungen bei der Namensgebung: Als Kleingewerbetreibender müssen Sie unter Ihrem persönlichen Vor- und Zunamen firmieren. Höchstens ein sachgerechter Zusatz ist Ihnen darüber hinaus gestattet, zum Beispiel »Dachdeckerei Detlef Demme« oder »Sanitärtechnik Sören Schulz«. Jetzt wissen Sie auch, warum derartige Betriebsbezeichnungen so häufig zu finden sind – es ist nicht der Eitelkeit der Inhaber geschuldet, sondern den gesetzlichen Bestimmungen.

Lassen Sie sich aber von den aufgeführten Nachteilen nicht verunsichern: In den meisten Fällen sind die Vorteile von weit größerem Gewicht. Das Kleingewerbe wäre ansonsten auch bei Weitem nicht so erfolgreich. Es verhält sich bei den Nachteilen des Kleingewerbes wie bei einem Arztbesuch: Vor einem notwendigen Eingriff werden Sie über die Risiken aufgeklärt. Das ist eine mitunter schrecklich lange Liste voller furchterregender und beunruhigender Möglichkeiten – aber in der Praxis trifft fast alles so gut wie nie ein. Trotzdem muss der Arzt Sie über diese theoretischen Möglichkeiten aufklären. Nun sind die Nachteile des Kleingewerbes zwar keinesfalls theoretischer Natur, sondern im Gegenteil ganz greifbar. Aber die meisten, wenn nicht alle, werden Sie in Ihrem Alltag wohl gar nicht tangieren.

Die Wege in die Selbstständigkeit, hin zum Kleingewerbe, verlaufen mitunter ganz unterschiedlich. Bei manchen erfolgreichen Gründern ist es die schiere Not, die Arbeitslosigkeit, die zum Aufbruch an neue Ufer zwingt, zum beherzten Sprung in das kalte Wasser. Andere Menschen lassen sich einfach von ihrer Langeweile und Unruhe zu einer neuen Tätigkeit treiben. Wieder andere bekommen eine unverhoffte und glänzende Chance geboten, die sie nicht ungenutzt verstreichen lassen wollen, ohne aber deshalb gleich alle Sicherheiten über Bord zu werfen. Manchmal steht auch einfache Neugier und Experimentierfreude hinter der Gründung eines Kleingewerbes: Schließlich lässt sich hier mit einem überschaubaren Aufwand und Risiko auch leicht eine neue Geschäftsidee erproben. Geht das Ganze wider Erwarten doch schief, bleibt immer noch der Rückzug in die Haupterwerbstätigkeit.

Was immer Sie antreibt: Wichtig ist für das Gelingen Ihres Kleingewerbes, dass Sie wissen, was Sie tun. Deshalb wollen wir uns im nächsten Kapitel mit den Grundlagen des Kleingewerbes beschäftigten – damit Sie einen festen Grund haben, auf den Sie Ihre Bemühungen stützen können.

Fassen wir die Vor- und Nachteile noch einmal zusammen:

Vorteile

- Ein Kleingewerbe lässt sich schnell und unkompliziert gründen.
- Sie können Ihr Gewerbe schnell und unbürokratisch anmelden.
- Sie müssen in den meisten Fällen keine Gewerbesteuer bezahlen.
- Sie benötigen kein Startkapital und müssen keinen Kredit aufnehmen.
- Sie müssen meist keine zusätzlichen Beiträge für die Sozialversicherung bezahlen.
- Sie benötigen keine doppelte Buchführung und müssen nur eine einfache EÜR durchführen.

Nachteile

- Sie haften als Privatperson mit Ihrem ganzen Vermögen für Ihr Unternehmen.
- Sie dürfen nur unter Ihrem eigenen Namen firmieren.
- Es ist im Kleingewerbe schwierig, große Kunden und Investoren zu gewinnen.

Die Grundlagen des Kleingewerbes

Bevor Sie Ihren Geldspeicher bauen können, müssen Sie erst einmal das Geld verdienen – aus einem hungrigen Sparschwein wird bekanntlich kein leckerer Braten. Jedes Gebäude braucht ein solides Fundament, das gilt erst recht für ein Gewerbe. Damit Sie mit Ihren geschäftlichen Unternehmungen auf festem Grund stehen und möglichst nicht ins Wanken geraten, wollen wir Sie in diesem Kapitel mit den wichtigen Grundlagen des Kleingewerbes vertraut machen.

Dabei werden ganz zwangsläufig ein paar staubtrockene Begriffe fallen – schließlich bewegen wir uns auf dem Gebiet der Geschäfts- und Rechtssprache. Das braucht Sie aber nicht zu schrecken, denn auch diese Kartoffel wird längst nicht so heiß gegessen, wie sie gekocht wird. Das heißt: Das Kleingewerbe ist bei Weitem nicht so kompliziert und schwierig, wie es vielleicht den Anschein hat. Vielmehr fallen eine Menge Regeln und Vorschriften weg, mit denen Sie sich bei einem vollwertigen Gewerbe herumärgern müssten. Aber immer der Reihe nach.

Nur eines wollen wir gleich zu Beginn festhalten: Sie sollten auch bei einem Kleingewerbe nichts dem Zufall überlassen. Sie brauchen einen Plan. Und die Grundlagen für dessen Entwicklung liefert Ihnen dieses Kapitel. Wenn Sie die Grundlagen nicht verstanden haben, dann können Sie auch mit Ihrem Kleingewerbe keinen Erfolg haben.

Wir stellen Ihnen hier schließlich keine Schritt-für-Schritt-Anleitung zu Ihrem persönlichen Erfolg zur Verfügung. Wenn Sie aber die Mechanismen und Regeln verstanden haben, dann haben Sie die Möglichkeit, Ihren eigenen Weg zu gehen, auf dem Ihnen niemand auf den Füßen herumtrampelt. Ein wenig Eigeninitiative und Kreativität braucht es schon, um als Selbstständiger Erfolg zu haben. Aber vielleicht haben Sie schon eine Idee und suchen noch nach Möglichkeiten der Umsetzung? Dann wird es jetzt ganz praktisch. Wir verraten Ihnen, wann und wie Sie Ihr Kleingewerbe am besten anmelden.

Wann und von wem muss ein Kleingewerbe angemeldet werden?

Das Schöne am Kleingewerbe ist seine **geringe Einstiegshürde**. Grundsätzlich ist ein Kleingewerbe für (fast) jedermann geeignet. Auch für Sie. Vielleicht sogar gerade für Sie? Sie müssen in den allermeisten Fällen keine Vorkenntnisse und spezifische Ausbildungen mitbringen. Selbst wenn Sie der Mann im Mond und plötzlich auf die Erde geplumpst wären, könnten Sie ein Kleingewerbe anmelden. Es gibt kaum Einschränkungen – jedenfalls in der Theorie.

In der Praxis existieren dann wieder ein paar Sonderfälle, die wir schon aufgeführt haben: Handwerk und Gastronomie wären an erster Stelle zu nennen, aber auch darüber hinaus gibt es verschiedene Branchen, die man nur mit einem Nachweis über eine entsprechende Qualifikation ausüben darf. Das hat aber eigentlich nichts mit dem Kleingewerbe zu tun, sondern betrifft den Beruf an sich. Und es ist natürlich auch gut so: Oder wollten Sie von einer Krankenschwester betreut werden, die keine entsprechende Ausbildung hat und vorher nur an der Supermarktkasse saß? Nichts gegen Supermarktkassiererinnen, das ist ein ehrenwerter Beruf, aber es steht außer Frage, dass nahezu jeder anständige und ehrliche Mensch ihn nach einer gewissen Phase des Einlernens ausüben kann. Ein Vertipper kostet höchstens Nerven, keine Menschenleben. In der Krankenpflege sieht das doch anders aus.

Ob Sie das Ganze als Einzelkämpfer oder lieber im Team angehen möchten, bleibt übrigens Ihnen überlassen. Kleingewerbe bedeutet nicht, dass Sie als Ein-Mann-Unternehmen unterwegs sein müssen. Das Kleingewerbe kann als Ein-Personen-Gründung oder als Team-Gründung betrieben werden. Sie können also entweder allein verantwortlich sein oder gemeinsam mit ausgesuchten Geschäftspartnern. Allerdings hat eine Team-Gründung in Sachen Haftung und Risiko mehr Nachteile, als Sie auf Anhieb denken mögen. Wir gehen weiter unter noch näher darauf ein. Hier nur so viel: Sie sind zwar nicht allein und haben Hilfe, aber Sie sind auch für alle Ihre Kompagnons verantwortlich und haftbar. Das kann sich als außerordentlicher Ballast erweisen. Vertrauen ist deshalb eine wichtige Währung – ebenso wichtig wie Ihr Startkapital. Eigentlich sogar noch wichtiger, denn um ein Kleingewerbe zu gründen, brauchen Sie nicht unbedingt viel Geld.

Das Kleingewerbe ist eine generationenübergreifende Sache. Vom Studenten bis zum Ruheständler finden sich praktisch alle Altersgruppen und sozialen Schichten – und wirklich alle können mitmachen. Abseits der erwähnten Sonderfälle benötigen Sie keine spezielle Qualifikation für das Kleingewerbe, Ihr Alter, Ihr Geschlecht und Ihr sonstiger Status spielen keine Rolle.

Wann muss ein Kleingewerbe angemeldet werden? Einfache und klare Antwort: Sobald mit einer Tätigkeit Gewinn erzielt werden soll. Denn dann verlassen Sie den Rahmen des Hobbys und der Liebhaberei und gehen über zu einer professionellen Tätigkeit, die in Deutschland natürlich den geltenden Regeln und Ordnungen genügen muss. Wir gehen in einem späteren Unterkapitel noch ausführlich auf die Anmeldung eines Gewerbes an und welche

Voraussetzungen damit verbunden sind. Jetzt stellen wir nur grundsätzlich fest, dass jeder, der einer gewerblichen Tätigkeit nachgehen möchte, auch ein Gewerbe anmelden muss.

Dabei unterscheiden sich Kleingewerbe und »richtiges« Gewerbe zunächst überhaupt nicht. Jeder, der in Deutschland ein Gewerbe betreiben möchte, sei es nun klein oder groß, muss dieses auch ordnungsgemäß anmelden. Diesen Sachverhalt nennt man die Gewerbepflicht. Ausnahmen von der **Gewerbepflicht** gibt es natürlich auch, aber diese betreffen ausschließlich die sogenannten **Freien Berufe** – wir haben Sie in einem früheren Kapitel bereits erwähnt. Jetzt ist es an der Zeit, dass wir uns die Freien Berufe ein wenig genauer anschauen. Und natürlich ihre Abgrenzung zum Gewerbe – denn die fällt manchmal unerwartet schwer.

Fließende Grenzen: Freier Beruf oder Gewerbe?

Freiberufler müssen kein Gewerbe anmelden. Leider fällt die Unterscheidung zwischen einem Freien Beruf und einem Gewerbe nicht immer so leicht, wie wir uns das vielleicht wünschen würden. Es ist sogar möglich, dass Ihre ausgeübte Tätigkeit zu Teilen ein Freier Beruf und ein Gewerbe ist. Im Zweifel sollten Sie deshalb immer das Gespräch mit dem für Sie zuständigen Gewerbeamt suchen und sich nicht auf Ihre eigene Einschätzung verlassen. So wissen Sie immer genau, woran Sie sind und müssen keine bösen Überraschungen befürchten. Bei manchen Tätigkeiten sind Freier Beruf und Gewerbe so schwer zu trennen, dass die Tätigkeit insgesamt als Gewerbe eingestuft wird, obwohl sie in Teilen durchaus die Charakteristika eines Freien Berufs erfüllen würde.

Freie Berufe werden in die Kategorien Tätigkeitsberufe, Katalogberufe und katalogähnliche Berufe unterteilt.

Als **Tätigkeitsberufe** werden **wissenschaftliche Tätigkeiten** in Lehre und Forschung bezeichnet, außerdem **schriftstellerische** und **künstlerische Tätigkeiten**. Als Privatdozent üben Sie also kein Gewerbe aus, sondern einen Freien Beruf, ebenso als Regisseur, Autor, Lektor, Publizist oder Entertainer. In allen diesen Fällen müssen Sie also normalerweise kein Gewerbe anmelden!

Katalogberufe sind

- **technische und naturwissenschaftliche Berufe** wie Handelschemiker, Ingenieure, Lotsen oder Architekten
- **Rechtsberufe** bzw. **Steuer- und Wirtschaftsberatung** wie Rechtsanwälte, Steuerberater, Notare oder Wirtschaftsprüfer
- **Heilberufe** wie Ärzte, Hebammen, Tierärzte, Heil-HdHeilpraktiker und Masseure
- **Kulturberufe** wie Schriftsteller, Journalisten, Übersetzer und ganz allgemein Künstler

Katalogähnliche Berufe sind eine Sonderform, bei denen der ausgeübte Beruf einem bestimmten Katalogberuf ähnlich ist, diesem aber nicht zur Gänze entspricht und auch nicht die Kriterien für einen Tätigkeitsberuf erfüllt. Gerade bei katalogähnlichen Berufen kommt es häufig zu einer Überschneidung mit gewerblichen Tätigkeiten. Ein Zahnpraktiker hat zum Beispiel eine ähnliche Ausbildung wie ein Zahnarzt und übt auch eine ähnliche Tätigkeit aus – trotzdem ist er kein vollgültiger Zahnmediziner. In diesem Fall übt der Zahnarzt einen Katalogberuf aus und der Zahnpraktiker einen katalogähnlichen Beruf. Beide müssen aber imstande sein, im Zweifel einen eindeutigen Nachweis über eine entsprechende Ausbildung vorzulegen.

Die Abgrenzung zwischen Katalogberufen, katalogähnlichen Berufen und Gewerbe fällt schwer und muss im Einzelfall immer gesondert geprüft werden. Im Internet kursieren Listen, die aber keinen Anspruch auf Vollständigkeit und Richtigkeit erheben. Auch wir können diese hochindividuelle Frage nicht allgemeinverbindlich beantworten. Allerdings genügt in der Regel ein kurzer Anruf bei Ihrem zuständigen Gewerbeamt, um die Richtung zu bestimmen, in die Sie sich bewegen müssen.

Planungssicherheit ist wichtig – ein Berater kann Zeit und Geld sparen

Auch eine grundsätzliche Anerkennung als Freiberufler bedeutet nicht, dass Sie von jeder Gewerbepflicht befreit sind. Je nach ausgeübter Tätigkeit kann die Gewerbepflicht trotzdem für Sie gültig sein. Um die nötige Planungssicherheit zu bekommen, sollten Sie deshalb frühzeitig bei Gewerbe- oder Finanzamt nachfragen – auf der Grundlage dieser Einstufung fußt schließlich Ihre gesamte weitere Geschäftsstrategie. Eine entsprechende Auskunft ist in der Regel völlig kostenlos – natürlich steht es Ihnen aber auch frei, gerade den Start in Ihr Kleingewerbe gemeinsam mit einem kostenpflichtigen Berater anzugehen.

Diese Investition kann sich durchaus auszahlen, da Sie viel Zeit sparen, die Sie ansonsten für Recherche und Kalkulationen aufwenden müssten. Ein professioneller

Berater bringt an vielen Stellen Routine mit, die Ihnen als Neuling noch fehlt. Letzten Endes ist es eine Frage der Abwägung, denn natürlich darf das Engagement eines Beraters für Sie kein Minusgeschäft sein. Ihr Kleingewerbe muss auf festen Füßen stehen – und dafür ist es wichtig, dass Sie genau wissen, was Sie tun. Zumindest über die Zusammenarbeit mit einem ausgebildeten Steuerberater sollten Sie nachdenken. Dieser kann Ihnen auch bei Fehlern im Detail helfen und Sie vor unangenehmen Nachzahlungen schützen.

Voraussetzungen und gesetzlicher Rahmen

In Deutschland ist alles mehr oder weniger gut und sinnvoll geregelt – vor allem das Geschäftsleben. Dafür haben wir nicht nur eines, sondern gleich mehrere Gesetzbücher. Für das Kleingewerbe von Belang ist dabei das **Bürgerliche Gesetzbuch** (BGB) und nicht das **Handelsgesetzbuch** (HGB). Das heißt natürlich nicht, dass das Handelsgesetzbuch für das Kleingewerbe keine Gültigkeit besitzt – es ist nur weniger relevant, da die meisten Bestimmungen im Bürgerlichen Gesetzbuch enthalten sind. Das ist kein Nachteil, sondern ein Vorteil, da das Bürgerliche Gesetzbuch einen weit entspannteren Rahmen bietet als das Handelsgesetzbuch mit seinen zahllosen Feinheiten und Sonderregelungen. Gerade für Sie als Neugründer kann es nur von Vorteil sein, wenn Sie sich noch nicht mit allen Spezialisierungen des Arbeits- und Handelsrechts auseinandersetzen müssen.

Allgemeine Geschäftsregeln und Anmeldung

Allgemein gilt es als unhöflich, ohne vorherige Anmeldung einen Besuch zu machen. Noch immer erfreut sich in geschäftlichen Kreisen die Visitenkarte großer Beliebtheit. Nun brauchen Sie zwar eine Visitenkarte nicht unbedingt, um eine Anmeldung Ihrer gewerblichen Tätigkeit kommen Sie allerdings nicht herum. Immerhin fällt die Anmeldungspflicht für das Kleingewerbe eine ganze Ecke einfacher aus: Da Sie kein Kaufmann sind, müssen Sie sich nicht ins Handelsregister eintragen lassen und dürfen auch sonst Handelsgesetzbuch und Gewerbeamt weitgehend (aber in letzterem Fall nicht keineswegs vollständig) ignorieren.

Lassen Sie sich von den nachfolgenden Auflistungen nicht einschüchtern! Ein Kleingewerbe zu gründen, ist in der Praxis wirklich ganz einfach: Sie können im Prinzip sofort loslegen und brauchen kaum Vorbedingungen zu erfüllen.

Um in Deutschland ein Kleingewerbe anmelden zu können, benötigen Sie keine d**eutsche Staatsbürgerschaft**. Auch als Ausländer können Sie hierzulande eine Existenz gründen. Dabei spielt allerdings eine Rolle, ob Sie EU-Ausländer sind oder nicht. Als Bürger der **Europäischen Union** (EU), des **Europäischen Wirtschaftsraums** (EWR) oder der **Schweiz** profitieren Sie von der verbrieften Niederlassungsfreiheit und können in Deutschland ohne Weiteres ein Kleingewerbe anmelden. Als Nicht-EU-Ausländer benötigen Sie eine gültige Aufenthaltserlaubnis. In allen Fällen gelten außerdem die jeweiligen Zugangsvoraussetzungen für das angestrebte Gewerbe. Sie werden außerdem dem Gewerbeamt glaubhaft darlegen müssen, dass Sie Ihre beabsichtigte Tätigkeit tatsächlich ausüben können. Dazu gehören ein tragfähiger Geschäftsplan und ausreichende Kenntnisse der deutschen Sprache.

Ordnungs- oder Gewerbeamt

Ganz ohne das **Gewerbeamt** kommen Sie auch als Kleingewerbetreibender nicht aus: Denn Ihr Gewerbe, ob klein oder nicht, müssen Sie in jedem Fall anmelden. An einem Besuch beim Gewerbeamt kommen Sie also nicht vorbei, und sei er nur postalischer Natur. Beim Gewerbeamt müssen Sie Ihr Gewerbe anmelden – und bei Bedarf zu einem späteren Zeitpunkt auch wieder ab- bzw. ummelden. Das Gewerbeamt stellt Ihnen den benötigten Gewerbeschein aus und sorgt auch dafür, dass

Sie bald Post vom Finanzamt bekommen. Eine Gebühr für die Ausstellung des Gewerbescheins fällt natürlich auch an: Rechnen Sie mit einem Betrag zwischen 16 und 50 Euro. Die große Diskrepanz erklärt sich damit, dass es leider keine bundesweit einheitliche Gebührenregelung gibt. Es kommt also darauf an, welches Gewerbeamt für Sie zuständig ist. Verhandeln lässt sich die Gebühr allerdings nicht und Sie können auch nicht einfach die Preise vergleichen und gegebenenfalls ein anderes Gewerbeamt aufsuchen: Zuständig ist immer das Gewerbeamt an dem Ort, an dem Sie Ihr Kleingewerbe betreiben möchten.

Die Anmeldung ist heute vielen Fällen bereits **online** möglich, kann aber auch auf direktem Weg persönlich gemacht werden. Der **persönliche** Kontakt hat den Vorteil, dass Sie etwaige Rückfragen und Unklarheiten sofort im Gespräch klären können und nicht auf eine mitunter langwierige Korrespondenz aus Fragen und Antworten angewiesen sind. Denken Sie daran, bei einer persönlichen Vorsprache alle notwendigen Nachweise sowie Ihren Personalausweis bzw. Reisepass mitzubringen! Haben Sie den Fragenbogen ausgefüllt, kann es sein, dass der zuständige Mitarbeiter ihn sofort abstempelt und Sie sofort und ohne weitere Verzögerung mit Ihrem Gewerbeschein nach Hause gehen dürfen! Sonderlich viele Angaben müssen Sie nicht machen, allerdings sollten Sie insbesondere bei der Datumsangabe darauf achten, dass diese in der Zukunft liegt: Wenn Sie Ihr Gewerbe nämlich rückwirkend anmelden, begehen Sie eine Ordnungswidrigkeit, die unter Umständen mit einem Bußgeld belegt werden kann. Bei einer sehr zeitnahen rückwirkenden Anmeldung kommt es in der Regel jedoch nicht zu Problemen.

Entscheidend ist außerdem die Beschreibung Ihrer beabsichtigten Tätigkeit: Hier sollten Sie sehr genau überlegen, was Sie eintragen. Sie nehmen damit nämlich eine wichtige Weichenstellung vor, die sich langfristig auswirken kann. Es gilt für Sie die Pflicht, dass Sie Ihre Tätigkeit so präzise und zutreffend wie möglich beschreiben. Eine sehr allgemein gehaltene Beschreibung (zum Beispiel »Handel mit Waren«) genügt normalerweise nicht, sondern provoziert kritische Nachfragen. Zu sehr ins Detail sollten Sie aber auch nicht gehen, sonst verbauen Sie sich möglicherweise zukünftige Entwicklungen. Wenn Sie sich als Händler zum Beispiel auf eine bestimmte Ware oder Marke festlegen, dann dürfen Sie Ihr Sortiment später nicht einfach erweitern, sondern müssen einen neuen Gewerbeschein bzw. eine Änderung des alten Gewerbescheins beantragen. Eine solche offizielle Gewerbeummeldung verursacht wieder Zeit und Kosten. Beschreiben Sie Ihre Tätigkeit deshalb so präzise wie notwendig und so allgemein wie möglich. Wenden Sie sich bei Bedarf an Ihren zuständigen Branchenverband und lassen Sie sich beraten – das gilt besonders dann, wenn Sie mit Ihrer angestrebten Tätigkeit Berührungspunkte mit genehmigungspflichtigen Tätigkeiten wie der Gastronomie oder dem Handwerk haben.

Übrigens: Bei einem Kleingewerbe müssen Sie Ihre Anmeldung nicht unbedingt beim Gewerbeamt vornehmen. Als Alternative bietet sich das **Ordnungsamt** an. Die Anmeldung geht dabei in jedem Fall völlig unkompliziert vonstatten. Zusätzliche Genehmigungen, Zeugnisse, Erlaubnisse oder sonstige Nachweise benötigen Sie üblicherweise nicht, ausgenommen die bereits vorgestellten Sonderfälle, zum Beispiel Handwerk oder Gastronomie. Falls Sie die Kleinunternehmerregelung für Ihr Kleingewerbe in Anspruch nehmen möchten, können Sie dies einfach auf dem Gewerbeschein vermelden. Eine andere Möglichkeit wäre die Ansprechstelle, die wir Ihnen im nächsten Abschnitt vorstellen: das Finanzamt.

Wahrscheinlich wird sich übrigens diese Behörde von selbst bei Ihnen melden. Denn nach einer erfolgten Gewerbeanmeldung werden Sie Post bekommen. Das Gewerbeamt leitet Ihre Daten nämlich weiter: an das Finanzamt, an das Arbeitsamt, an die Industrie- und Handelskammer bzw. an die Handwerkskammer, wenn Sie ein Handwerk als Gewerbe ausüben möchten, an die gesetzliche Unfallversicherung, an das Statistische Landesamt und an die Zollverwaltung. Wenn Sie in der Gastronomie tätig sind, werden auch weitere Ämter wie die Lebensmittelüberwachung informiert. Sie sind also in Ihrem neuen Kleingewerbe nie allein – die deutschen Behörden sind mit Ihnen. Ob Sie sich darüber nun freuen oder ärgern wollen, ist Ihre Sache. Ändern können Sie diesen Umstand jedenfalls nicht. Damit Sie einen Überblick bekommen, was die einzelnen Behörden so alles von Ihnen möchten, stellen wir Ihnen die wichtigsten vor.

Finanzamt

Ihre wichtigste und häufigste Ansprechstelle ist aber wohl eine wenig beliebte, aber leider unumgängliche Behörde: das Finanzamt. Ja, ballen Sie ruhig die Faust in der Tasche, aber das ändert nichts – um das Finanzamt kommen wir leider auch bei einem Kleingewerbe nicht herum. Beim Umgang mit dem Finanzamt empfehlen sich besonders die Tugenden Pünktlichkeit und Vollständigkeit. Andernfalls können Ihnen leicht penible Kontrollen ins Haus stehen – und das wünscht sich eigentlich niemand. Nachdem Sie Ihren Gewerbeschein beim

Gewerbeamt beantragt haben, wird sich das Finanzamt bei Ihnen melden und Ihnen ein besonderes Dokument schicken: einen steuerlichen Erfassungsbogen für die Betriebseröffnung. Auf diesem können Sie bei Bedarf auch vermerken, ob Sie die Kleinunternehmerregelung in Anspruch nehmen möchten. Auch eine nachträgliche Anmeldung für die Kleinunternehmerregelung geht über das Finanzamt.

Arbeitsagentur

Ja, auch das Arbeitsamt möchte gern von Ihnen berücksichtigt werden. Das Arbeitsamt stellt Ihnen Ihre Betriebsnummer aus. Die benötigen Sie allerdings nur, wenn Sie vorhaben, Angestellte in Ihrem Betrieb zu beschäftigen. Auch Aushilfen und Auszubildende fallen unter diese Einordnung. Über die Betriebsnummer melden Sie Ihre Beschäftigten bei der Krankenkasse und Sozialversicherung.

Die Arbeitsagentur wird vor allem dann wichtig, wenn es sich bei Ihrem Kleingewerbe um eine Gründung aus der Arbeitslosigkeit heraus handelt. Dabei spielt eine Rolle, ob Sie Arbeitslosengeld I oder Arbeitslosengeld II (auch als Hartz IV bekannt) beziehen und ob Sie Ihr Kleingewerbe als hauptberufliche Existenzgründung oder als Nebenberuf betreiben.

Grundsätzlich dürfen Sie auch als Bezieher von Arbeitslosengeld (I und II) ein Kleingewerbe betreiben. Allerdings besteht gegenüber dem Arbeitsamt eine Informationspflicht: Sie müssen alle Einnahmen aus Ihrem Kleingewerbe der Arbeitsagentur ohne besondere Aufforderung mitteilen. Auch darf Ihre Wochenarbeitszeit nicht mehr als **15 Stunden pro Woche** betragen, wenn Sie Arbeitslosengeld I beziehen. Bei dem Bezug von Arbeitslosengeld II ist Ihre erlaubte Wochenarbeitszeit nicht begrenzt.

Auch bei der Höhe Ihres Zuverdienstes gibt es Einschränkungen: Mindestens **165 Euro pro Monat** dürfen Sie zu Ihrem Arbeitslosengeld hinzuverdienen, ohne dass es Ihnen angerechnet wird. Dieser Freibetrag wird um 30 Prozent erhöht, wenn Sie Ihr Kleingewerbe als selbstständigen Nebenverdienst ausüben – dann geht die Arbeitsagentur nämlich davon aus, dass Sie 30 Prozent Ihrer Einnahmen in Arbeitsmittel investieren müssen und schreibt Ihnen diese Ausgaben gut.

Ihr Kleingewerbe können Sie bei Ihrem Arbeitsamt ganz einfach auf postalischem Weg anmelden. Alternativ nutzen Sie zu diesem Zweck ein Online-Formular. Wenn Sie keine festen, sondern wechselnde Einnahmen verzeichnen, dann melden Sie Ihre Einnahmen immer im Folgemonat dem Arbeitsamt, das dann auf dieser Grundlage Ihren Anspruch auf das Arbeitslosengeld berechnet. Es ist aber keinesfalls so, wie manchmal zu lesen ist und von vielen Betroffenen befürchtet wird, dass bei der Ausübung eines Kleingewerbes der Anspruch auf Arbeitslosengeld erlischt.

Wenn Sie Ihr Kleingewerbe als Hauptberuf planen, dann können Sie bei der Arbeitsagentur sogar einen Zuschuss beantragen, der Sie bei Ihrer Gründung unterstützen soll. Einen solchen Zuschuss müssen Sie bei Ihrer Arbeitsagentur beantragen. Falls Sie Arbeitslosengeld beziehen und sich mit dem Gedanken an ein Kleingewerbe tragen, lohnt es sich auf alle Fälle, das Gespräch mit Ihrer zuständigen Sachbearbeiterin zu suchen.

Industrie- und Handelskammer (IHK)

An die Industrie- und Handelskammer haben Sie möglicherweise noch gar nicht gedacht, aber wenn Sie nicht als Freiberufler, Handwerker oder Landwirt tätig sind, kommen Sie um einen Beitritt nicht herum. In der Regel wird sich die IHK selbst bei Ihnen melden, sobald Sie beim Gewerbeamt vorstellig geworden sind. Nur Handwerker müssen eigenständig in Kontakt mit der IHK treten und klären, ob Ihr angemeldetes Kleingewerbe in die sogenannte »Handwerksrolle« gehört. Die IHK ist auch Ihre erste Ansprechstelle, wenn es um Unsicherheiten bezüglich einer etwaigen Genehmigungspflicht oder um bestimmte Auflagen Ihrer gewählten Branche geht.

Die Höhe der Beiträge fällt unterschiedlich aus und wird Ihnen von Ihrer zuständigen Industrie- und Handelskammer vor Ort mitgeteilt. Für kleine Betriebe können die Beiträge oft eine hohe Belastung darstellen. Deshalb sollten Sie sich unbedingt nach den bei Ihnen geltenden Bedingungen erkundigen: In vielen Fällen ist es möglich, in den ersten Jahren eine Ermäßigung zu erhalten. Auch bieten manche Kammern sogar eine vollständige Beitragsbefreiung für Kleingewerbetreibende an, wenn die Gewinne niedrig ausfallen oder gar Verluste drohen. Nachfragen lohnt sich also auf alle Fälle!

Nicht alle Kleingewerbe gehören der Industrie- und Handelskammer an. Wir haben den Sonderfall Handwerk bereits erwähnt: In diesem Fall gehören Sie der **Handwerkskammer** an. Auch hier ist die Mitgliedschaft verpflichtend und kann nicht umgangen werden. Welche IHK oder HWK für Ihren Betrieb zuständig ist, können Sie einfach über die offiziellen Internetseiten der jeweiligen Organisationen herausfinden.

Die Berufsgenossenschaft

Die Berufsgenossenschaften sind Sozialversicherungsträger und vor allem für den Abschluss der gesetzlichen Unfallversicherung durch private Unternehmen von Bedeutung. Sie dienen als Schutz vor Arbeitsunfällen und Berufskrankheiten. Für das Sozialversicherungssystem in Deutschland sind die Berufsgenossenschaften von immenser Wichtigkeit. Wenn Sie bei der Ausübung Ihres Berufs zu Schaden kommen, hilft Ihnen Ihre Berufsgenossenschaft dabei, den erlittenen finanziellen Verlust auszugleichen. Auch notwendige Maßnahmen zu einer Rehabilitation werden auf diesem Weg finanziert. Sie sehen schon: Die Berufsgenossenschaft ist eine wichtige Sache – aber auch ein Kostenfaktor, denn natürlich kostet die Mitgliedschaft einen Beitrag.

Grundsätzlich sind gewerbliche Unternehmen dazu verpflichtet, sich binnen einer Woche nach erfolgter Aufnahme des Gewerbes bei der zuständigen Berufsgenossenschaft anzumelden. Eine verspätete Anmeldung kann Nachzahlungen mit sich bringen, wenn die Berufsgenossenschaft die Mitgliedsbeiträge rückwirkend einzieht.

Solange Sie keine Mitarbeiter beschäftigen, besteht für Sie als Kleingewerbetreibender keine Pflicht zur Mitgliedschaft in einer Berufsgenossenschaft. Es sprechen aber eine Reihe von Gründen dafür, eine solche Mitgliedschaft auch auf freiwilliger Basis anzustreben: Ihre Absicherung ist auf diese Weise wesentlich umfangreicher und effektiver als es mit einer herkömmlichen Krankenversicherung der Fall wäre. Eine übliche Krankenversicherung bietet im direkten Vergleich weniger Leistungen.

Die Anmeldung bei der Berufsgenossenschaft ist ähnlich unkompliziert wie die Anmeldung eines Gewerbes: Sie müssen ein einfaches, einseitiges Formular ausfüllen, dass Sie zum Beispiel von der offiziellen Webseite der Berufsgenossenschaften downloaden können. In diesem Formular müssen Sie nicht viel mehr anzugeben als Ihren Namen und Ihre Adresse, die Rechtsform Ihres Kleingewerbes und noch ein paar andere kleine Details mehr. Viele Punkte sind zudem für Sie nicht relevant, da Sie kein vollwertiges Gewerbe führen und sehr wahrscheinlich auch keine Mitarbeiter beschäftigen. Das ausgefüllte Formular schicken Sie einfach mit der Post an die Berufsgenossenschaft (BG).

Auswahl der Rechtsform

Wenn Sie ein Bild an die Wand hängen möchten, benötigen Sie dafür einen passenden Rahmen. Die Rechtsform ist der Rahmen für Ihr Unternehmensbild. Um eine Rechtsform kommen Sie nicht herum. Sie ist zwingend vorgeschrieben. Zwingend heißt: gesetzlich, also nicht verhandelbar. Allerdings gibt es hier einen kleinen Haken: Der Begriff Rechtsform kommt zwar im Gesetzbuch vor, ist selbst aber nicht gesetzlich definiert. Juristen sprechen hier von einer fehlenden Legaldefinition. Das heißt nichts anderes, als dass es kein Gesetz gibt, in dem genau steht, was eine Rechtsform eigentlich ausmacht. Trotz dieser fehlenden gesetzlichen Definition kommen Sie um den Gebrauch einer Rechtsform nicht herum.

Die Wahl der Rechtsform ist dabei mehr als nur eine kleine Formalität. Die Rechtsform bestimmt zu einem guten Teil die Spielregeln, an die Sie sich zu halten haben. Zum Glück ist Ihre Auswahl nicht besonders groß, so dass Sie sich eigentlich um die Rechtsform keine großen Gedanken machen müssen. Für das Kleingewerbe kommen im Prinzip nur zwei gültige Rechtsformen infrage: Die Rechtsform des **Einzelunternehmers** oder die Rechtsform der **Gesellschaft des bürgerlichen Rechts** (GbR). Dabei wird Ihnen die Entscheidung praktisch von den Umständen abgenommen. Als Einzelunternehmer sind Sie tätig, wenn Sie Ihr Kleingewerbe allein in ungeteilter Verantwortung betreiben. Eine Gesellschaft des bürgerlichen Rechts ist Ihre Rechtsform der Wahl, wenn Sie gemeinsam mit anderen natürlichen Personen ein Kleingewerbe gründen.

Das Kleingewerbe selbst ist übrigens keine Rechtsform, auch wenn mitunter anderslautende Behauptungen zu lesen und zu hören sind. Der Begriff Kleingewerbe ist zwar in der modernen Geschäftswelt weit verbreitet, findet sich aber weder im Bürgerlichen Gesetzbuch (BGB) noch im Handelsgesetzbuch (HGB). Trotzdem kommen wir um die Bezeichnung Kleingewerbe nicht herum. Sie ist wichtig im Umgang mit dem Finanzamt, das für Ihre Belange erster Ansprechpartner ist.

Die Wahl der Rechtsform wirkt sich auf verschiedene Punkte aus, die für Sie als Geschäftsmann von nicht unerheblicher Bedeutung sind. Vor allem geht es dabei um die Frage der Haftung, die im Zweifelsfall eine immense Auswirkung auf Ihre Liquidität haben kann. In der Regel werden Sie Ihr Kleingewerbe in der Rechtsform des Einzelunternehmers führen. Das bedeutet: Sie handeln als Unternehmer unter Ihrem alten und einfachen bürgerlichen Namen. Herr Max Mustermann ist dann auch die Firma Max Mustermann. Die Haftung liegt komplett bei Ihnen: Sie haften für Ihr Geschäft mit Ihrem gesamten Privatvermögen. Es ist nach derzeitiger Rechtsordnung nicht möglich, diese Haftungsverpflichtung einzuschränken. Diesen Umstand sollten Sie bei allen Ihren geschäftlichen Entscheidungen berücksichtigen – schließlich können angerichtete Schäden oder Verluste Ihre gesamte Existenz infrage stellen.

Besondere Vorsicht ist bei der **Gesellschaft des bürgerlichen Rechts** geboten. Auch eine solche müssen Sie nicht in einem gesonderten Vertrag schriftlich fixieren. Sie gilt als automatisch gegeben, wenn Sie regelmäßig mit bestimmten Personen Geschäfte machen. Die GbR betreibt dann ihr Gewerbe unter den Namen aller Teilhaber, die auch in der Gewerbeanmeldung namentlich aufgeführt werden müssen. Mit dieser automatischen Gründung treten dann aber auch alle Verpflichtungen in Kraft – vor allem die Haftungspflicht. Hier sind Sie dann aber nicht nur für Ihre eigenen Entscheidungen in vollem Umfang haftbar, sondern auch für die Entscheidungen und Handlungen Ihrer Mitgesellschafter. Sie sollten es sich also gut überlegen, ob Sie dieses Risiko eingehen wollen.

Ganz wichtig für beide möglichen Rechtsformen ist der Hinweis, dass es nicht möglich ist, Ihre Haftung zu verringern. Egal, was Sie mit Ihren Geschäftspartnern schriftlich vereinbaren – Sie sind nach den Buchstaben des Gesetzes sowohl als Einzelunternehmer als auch innerhalb einer Gesellschaft des bürgerlichen Rechts in vollem Umfang haftbar.

Firma und Geschäftsbezeichnung

Das Wort Firma besitzt heute in der Umgangssprache eine weite Bedeutungsfülle. Mit dem Aufstieg der sogenannten »Ich-AGs« bezeichnet sich so mancher Kleinstunternehmer auch gerne selbst als Firma – natürlich mit einem Augenzwinkern. Wenn es um geschäftliche Belange geht, sollten wir aber auf jedes Augenzwinkern verzichten und mit nüchterner Geschäftsmäßigkeit an die Sache herangehen. Das bedeutet vor allem, dass wir uns einer korrekten Begrifflichkeit bedienen. Nicht, weil wir Pedanten und Korinthenkacker mit gesteiftem Hemdkragen und gebügelter Krawatte sind. Nein, wir müssen uns darüber im Klaren sein, dass ungenaue und falsche Bezeichnungen bares Geld kosten und im ungünstigsten Fall sogar zu Restriktionen führen können. Deshalb stellen wir hier unmissverständlich fest: Ein Kleingewerbe ist *keine* Firma im eigentlichen, rechtlichen Sinne.

Als Betreiber eines Kleingewerbes handeln Sie immer als natürliche Person – entweder allein, als Einzelunternehmer, oder gemeinsam mit Ihren Partnern im Falle einer Team-Gründung. Das bedeutet aber auch, dass Ihr Name immer das Kernelement Ihrer Unternehmensbezeichnung ist. Wir haben bereits festgestellt, dass es sich hier um eine kleine Einschränkung handelt, der Kleingewerbetreibende unterworfen sind: Sie müssen unter ihrem eigenen Namen firmieren. Da Sie Ihr Unternehmen nicht im Handelsregister eintragen lassen können bzw. müssen, was grundsätzlich ein Vorteil ist, muss aus Ihrer Unternehmensbezeichnung klar hervorgehen, dass Sie als Person mit Ihrem Unternehmen identisch sind. Deshalb muss Ihr vollständiger Name – das heißt Vor- und Zuname – in der Unternehmensbezeichnung enthalten sein. Um Ihr Unternehmen als solches zu kennzeichnen, dürfen Sie Ihren Vor- und Zunamen ergänzen. Das kann eine konkrete Branchenbezeichnung sein, die Auskunft gibt über Ihre Tätigkeit (Malermeister, Sanitäranlagen etc.) oder eine Fantasiebenennung (Wolke 7). Wichtig ist nur, dass Ihr eigentlicher, richtiger Name in vollem Umfang enthalten ist.

Kleingewerbe in der eigenen Wohnung – geht das?

Nicht nur der »Firmenname«, auch die »Firmenresidenz« will bei einem Kleingewerbe richtig gehandhabt sein. Zunächst einmal gilt der Grundsatz: Wohnraum ist kein Gewerberaum. Sie können Ihre Wohnung nicht einfach für Ihr Gewerbe nutzen, vor allem nicht, wenn gewisse Belästigungen für Ihre Nachbarn damit einhergehen: regelmäßiger Kundenverkehr, Geruch, Lärm – all das müssen sich Ihre Nachbarn nicht bieten lassen. Zwar gibt es bei dem generellen Gewerbeverbot für Wohngebiete Einschränkungen, so muss Ihr Vermieter ein stilles Gewerbe in vielen Fällen dulden, aber Sie sollten trotzdem nicht einfach ohne vorherige Absprache und Genehmigung Ihr Firmenschild an der Tür anbringen. Auch Ihr Klingelschild dürfen Sie nicht einfach um die Angabe Ihres Gewerbes ergänzen, geschweige denn, gemeinschaftlich genutzte Räumlichkeiten des Hauses, wie Keller und Dachboden, als Geschäftsräume nutzen – nicht einmal als Warenlager für einen etwaigen Online-Shop.

Am besten ziehen Sie im Vorfeld entsprechende Erkundigungen bei Ihrem zuständigen Mieterverein ein, dort werden Sie am kompetentesten über Ihre Pflichten und Rechte als Mieter aufgeklärt. Bei Bedarf sollten Sie sich auch noch mit Ihrem Vermieter absprechen, um möglichst alle Irritationen zu vermeiden. Einfach stillschweigend mit Ihrem Gewerbe in der Wohnung loslegen und hoffen, dass es niemand merkt bzw. sich niemand daran stört, wird nicht funktionieren. Halbheiten sind bei der Führung eines Geschäftes nie eine gute Idee, Transparenz und Zuverlässigkeit hingegen schon.

Informationspflichten

Nur wer fragt, bekommt auch eine Antwort, heißt es. Für das Kleingewerbe gilt dieser Grundsatz allerdings nicht. Hier müssen Sie manche Antworten auch ungefragt geben – im Vorhinein. Es gibt eine Reihe von Angaben, die Sie Ihren Kunden und Geschäftspartnern machen müssen, ohne dass diese sich eigens danach erkundigen. Kommen Sie diesen Informationspflichten nicht nach, kann das schnell teuer werden und Geschäftsabschlüsse sogar unwirksam machen.

Verordnung über Informationspflichten für Dienstleistungserbringer (DLInfoV)

Diese furchtbar sperrige Überschrift haben wir uns nicht ausgedacht. Sie stammt – Sie ahnen es schon – von unserem umsichtigen und umtriebigen Gesetzgeber, dem es ein wichtiges Anliegen ist, allen Dingen eine geregelte Gestalt zu geben. Im Falle der Informationspflicht für Kleingewerbetreibende werden wir hier zu in der **Verordnung über Informationspflichten für Dienstleistungserbringer, kurz DLInfoV** (online im Wortlaut einsehbar unter http://www.gesetze-im-internet.de/dlinfov/index.html). Darin ist zum Beispiel festgehalten, dass Sie als Kleingewerbetreibender Ihren Kunden bestimmte Informationen unaufgefordert zugänglich machen müssen.

Dazu gehören auch sehr private Daten wie Ihr Vor- und Familienname sowie Ihre vollständige Adresse – Sie können sich als Kleingewerbetreibender nicht hinter einer neutralen Firmenbezeichnung verstecken. Anonymität gibt es im Kleingewerbe nicht. Sie müssen im Gegenteil recht öffentlich sein und sich Ihren Kunden (und dem Finanzamt) präsentieren. Das heißt nicht, dass Sie als eher introvertierter Typ die Sache mit dem Kleingewerbe gleich vergessen müssen. Es geht nicht darum, dass Sie vom stillen Wasser ganz plötzlich zur Rampensau mutieren. Sie sind seriöser Gewerbetreibender, kein feuchtfröhlicher Entertainer. Aber eine gewisse Transparenz ist notwendig, um die Basis des Vertrauens und der Überprüfbarkeit zu schaffen, die für geschäftliche Abschlüsse unabdingbar ist. Sie handeln nicht als Angestellter für einen großen Konzern, sondern für Ihr eigenes, privates Unternehmen. Sie sind Ihre eigene Marke, Sie sprechen und handeln für sich selbst – und Sie verkaufen in erster Linie sich selbst. Die folgenden Punkte müssen Sie deshalb jedem Kunden ohne vorherige Aufforderung mitteilen:

- Ihren Vor- und Familiennamen
- Ihre vollständigen Kontaktdaten inklusive Anschrift, Telefonnummer, Mailadresse und – falls vorhanden – Faxnummer
- Ihre ausgeübte Tätigkeit in wesentlichen Eckpunkten (sofern sich diese nicht bereits aus dem Zusammenhang erschließt)

Außerdem gibt es noch einige Daten, die Sie nur angeben müssen, wenn diese auch vorhanden sind bzw. durch entsprechende Sonderregelungen, die Ihre ausgeübte Branche betreffen, vorgeschrieben werden. Wir behandeln diese Punkte in eigenen kleinen Abschnitten, weil damit auch meist weitere und tiefergehende Fragen verbunden sind – zum Beispiel die Frage nach der Notwendigkeit und der Sinnhaftigkeit von Allgemeinen Geschäftsbedingungen im Kleingewerbe.

Braucht ein Kleingewerbe Allgemeine Geschäftsbedingungen (AGB)?

Gleich vorweg: Wenn Sie für Ihr Kleingewerbe Allgemeine Geschäftsbedingungen aufsetzen, dann müssen Sie diese Ihren Kunden auch immer unaufgefordert und gut sichtbar zugänglich machen. Auf Allgemeine Geschäftsbedingungen, die Sie sorgfältig in Ihrer Schreibtischschublade hüten, können Sie sich im späteren Streitfall nicht berufen. Aber sind Allgemeine Geschäftsbedingungen für ein Kleingewerbe überhaupt notwendig und sinnvoll?

Zuerst stellt sich die Frage: Was geschieht, wenn Sie keine Allgemeinen Geschäftsbedingungen nutzen? Dann befindet sich Ihr Kleingewerbe keinesfalls losgelöst im rechtsfreien Wilden Westen, sondern unterliegt automatisch den vom Gesetzgeber definierten Standardbestimmungen. Diese sind aber, wie das bei sehr allgemein festgehaltenen Regeln nun einmal so ist, nicht unbedingt auf Ihre persönlichen Bedürfnisse abgestimmt. Im Gegenteil: Die allgemein gültige Gesetzeslage kann sich im Einzelfall durchaus nachteilig auf Ihren Fall auswirken.

Des Weiteren dürfte es sich in der Praxis äußerst schwierig gestalten, Ihrer gesetzlich vorgegebenen Informationspflicht gegenüber Ihren Kunden in vollem Umfang nachzukommen, wenn Sie keine AGB aufsetzen, die Sie jedem Kunden zu Beginn der Geschäftsbeziehung zukommen lassen. Die AGB stellen eine Art von »Verfassung« für Ihr Geschäft da, eine gemeinsame schriftliche Grundlage, auf die sich beide Seiten jederzeit berufen können. Mit vernünftigen Allgemeinen Geschäftsbedingungen wissen Ihre Kunden gleich und verbindlich, woran sie bei Ihnen sind – und können sich viele Nachfragen und Unsicherheiten ersparen. Sie setzen einen wichtigen grundlegenden Standard, der bei allen künftigen Vertragsabschlüssen gleich bleibt.

Natürlich wünschen Sie sich keinen Rechtsstreit mit einem unzufriedenen Kunden. Aber auch wenn diese Situation Ihnen weit weg scheint: In der geschäftlichen Praxis kommt dies leider häufiger vor, als Sie vielleicht glauben möchten. Außerdem kann bereits ein einziger verlorener Prozess Ihr ganzes Schiff zum Kentern bringen. Viele Streitpunkte können Sie aber durch den Einsatz korrekt verfasster AGB im Vorfeld vermeiden bzw. ihrer Schärfe berauben.

Damit Ihre AGB auch wirklich korrekt aufgesetzt sind und sich im Streitfall als unanfechtbar erweisen, sollten Sie als Kleingewerbetreibender nicht einem beliebten Irrtum aufsitzen und sich einfach eine gängige Vorlage aus dem Internet herunterladen. Diese Standard-AGB sind für das Kleingewerbe in den meisten Fällen nicht tauglich und können unter Umständen sogar kostenpflichtige Abmahnungen nach sich ziehen, weil die darin gemachten Angaben auf Ihre kleingewerbliche Geschäftssituation gar nicht zutreffen. Diesem unnötigen Risiko sollten Sie sich nicht aussetzen.

Deshalb ist es nicht nur besser, sondern unbedingt geboten, die Allgemeinen Geschäftsbedingungen individuell für Ihr Kleingewerbe und eigens angepasst auf Ihre Bedürfnisse aufzusetzen. So gehen Sie sicher, dass alle relevanten Punkte – zum Beispiel Liefer- und Zahlungsmodalitäten – genau Ihren Gegebenheiten entsprechen. Wichtig ist dann vor allem, dass diese AGB nicht irgendwo in den Tiefen Ihres Onlineshops verschwinden, sondern den Kunden vor Vertragsabschluss vorgelegt werden – am besten noch mit einem Häkchen oder einer Unterschrift, mit der die Kenntnisnahme dieser AGB und deren Akzeptanz von Ihren Vertragspartnern verbindlich bestätigt wird. Das schafft für Sie die äußerst wichtige Rechtssicherheit.

Wie erstellen Sie rechtsgültige Allgemeine Geschäftsbedingungen, die allen Ansprüchen genügen? Die fertigen Standardvorlagen aus dem Internet sind für ein Kleingewerbe nicht geeignet. Anders sieht es hingegen mit einem interaktiven AGB-Generator aus, wie er ebenfalls online zu finden ist. Handelt es sich dabei um die Software eines seriösen Anbieters, können Sie von diesem Service durchaus Gebrauch machen – in der Regel lassen sich damit sehr ordentliche Ergebnisse erzielen. Allerdings: Die fachkundige Beratung durch einen zugelassenen Anwalt kann eine solche Software nicht ersetzen. Es ist also immer eine gute Idee, die selbst erstellten AGB noch einmal von einem kundigen Rechtsberater überprüfen zu lassen. Diese kleine Investition lohnt sich, denn Sie werden Ihre AGB aller Voraussicht nach lange nutzen und vielen Kunden übermitteln. Die Allgemeinen Geschäftsbedingungen sind das Fundament, auf dem Ihr Geschäftsgebäude ruht – und ein Fundament sollte verlässlich und tragfähig sein, um seinen Zweck zu erfüllen.

Besteht eine Informationspflicht gegenüber dem Arbeitgeber?

Falls Sie ausschließlich Ihr Kleingewerbe als Erwerbstätigkeit ausüben, stellt sich Ihnen diese Frage nicht. Für alle, die ein Kleingewerbe aber als Nebenverdienst betreiben, ist es wichtig zu wissen, ob und inwieweit der Arbeitgeber informiert werden muss über die zusätzliche Tätigkeit. Grundsätzlich schließt die im Grundgesetz garantierte freie Berufswahl die Meldepflicht eines Nebenerwerbs gegenüber dem Hauptarbeitgeber aus – Sie müssen also im Normalfall nicht angeben, wenn Sie ein Kleingewerbe anmelden, das ist Ihre Sache und nicht die Ihres Arbeitgebers.

Allerdings gibt es auch hier wieder Ausnahmen. So kann beispielsweise der Arbeits- oder Tarifvertrag bestimmte Einschränkungen und Klauseln enthalten, die es notwendig machen, einen Zusatzverdienst beim Arbeitgeber anzuzeigen bzw. sich dessen Zustimmung einzuholen. Nicht immer sind diese Klauseln allerdings auch rechtsgültig: In vielen Fällen sind die Bedingungen zu scharf formuliert und müssen deshalb nicht vom Arbeitnehmer akzeptiert werden. Auch darf Ihnen Ihr Arbeitgeber ungeachtet aller Klauseln die angestrebte Nebentätigkeit nur bei einem offensichtlichen Interessenkonflikt verweigern.

Ein Interessenskonflikt ist vor allem dann gegeben, wenn Sie sich mit Ihrem Kleingewerbe in Konkurrenz zu Ihrem Arbeitgeber begeben. Arbeiten Sie zum Beispiel auf Old McDonald‘s Hühnerfarm mit 1.000 Hühnern und wollen als Kleingewerbetreibender Young McDonald‘s Hühnerfarm mit 100 Hühnern aufmachen, dann kann Ihr Arbeitgeber sehr wohl dagegen Einspruch einlegen – und wird vor Gericht damit auch ziemlich sicher Recht bekommen.

Auch sonst gibt es einige Konstellationen, die es ihrem Arbeitgeber ermöglichen, Ihnen die Ausübung eines Nebengewerbes zu untersagen. Wenn Ihre Nebentätigkeit Sie beispielsweise so stark in Anspruch nimmt, dass die Qualität Ihrer Haupttätigkeit darunter leidet oder Sie Ihren Erholungsurlaub dazu nutzen, statt der wichtigen Regeneration lieber eine andere Arbeit zu erledigen, dann sind das valide Verbotsgründe. Auch ein Krankenschein, der Sie bei Ihrem Arbeitgeber für Ihren Haupterwerb entschuldigt, gilt gleichermaßen für Ihren Nebenerwerb – Sie können sich nicht krankschreiben lassen und gleichzeitig Ihr Kleingewerbe weiterführen. Kurzarbeit und Kleingewerbe gehen hingegen in den meisten Fällen ohne rechtliche Schwierigkeiten zusammen.

Sie sollten diese Einschränkungen keinesfalls auf die leichte Schulter nehmen: Es drohen Ihnen bei einem Verstoß gegen Ihre Vertragspflichten ernsthafte Sanktionen bis hin zur fristlosen Kündigung. Falls Sie es versäumen, Ihren Arbeitgeber von Ihrer Nebentätigkeit in Kenntnis zu setzen, sich aber ansonsten nichts haben zuschulden kommen lassen, genügt dieser Fehler in der Regel nicht für eine so drastische Maßnahme wie eine fristlose Kündigung. Allerdings ist es sicher besser, wenn Sie es erst gar nicht auf eine Auseinandersetzung ankommen lassen, sondern von Anfang an Ihren Arbeitgeber ins Bild setzen.

Eine **schriftliche Informationspflicht** gegenüber Ihrem Arbeitgeber besteht zwar nicht – allerdings ist es sinnvoll, den Beginn Ihrer Nebentätigkeit schriftlich zu fixieren. Denn im Gegensatz zu einer rein mündlichen Weitergabe dieser nicht unwichtigen Information können Sie eine schriftlich fixierte Kommunikation auch Jahre später bei etwaigen Streitigkeiten als Nachweis anführen. Sie erinnern sich bestimmt noch an unseren guten Rat, den wir

Ihnen schon ein paar Seiten früher gegeben haben? Der Schlüssel zu einer erfolgreichen Selbstständigkeit ist eine gründliche Dokumentation. Und da sind wir auch schon beim nächsten Unterkapitel: der Buchführungspflicht.

Die Behörden müssen informiert werden

Gewerbe- und Finanzamt wissen aufgrund Ihrer Gewerbeanmeldung bereits über Ihre Tätigkeit Bescheid, und eine Reihe anderer Behörden wurden von diesen Stellen automatisch informiert. Damit endet Ihre Informationspflicht gegenüber den staatlichen Stellen aber nicht. Das gilt insbesondere für Existenzgründungen aus der Arbeitslosigkeit heraus. Wir haben schon darauf hingewiesen, dass das Arbeitsamt über alle Ihre Einkünfte informiert werden muss – und zwar ohne, dass dabei eine gesonderte Aufforderung an Sie ergeht. Auch gegenüber den Steuerbehörden und den Versicherungen haben Sie eine Informationspflicht. Wir haben zu beiden Themen ausführlichere Unterkapitel. Wichtig ist nur, dass Sie die Dinge nicht einfach schweigend aussitzen und auf eine Aufforderung warten dürfen. Es liegt an Ihnen, die Veränderungen, die sich durch Ihre Existenzgründung ergeben, an den entsprechenden Stellen zu melden.

Buchführungspflicht

Ja, es stimmt: Das Kleingewerbe bringt viel weniger Verwaltungs- und Dokumentationsaufwand mit sich als ein vollwertiges Gewerbe. So entfällt für Sie die doppelte Buchführung. Aber auch wenn Sie von vielen Buchführungspflichten der großen Gewerbe und Unternehmen verschont bleiben: Ganz ohne eine Buchführungspflicht kommen Sie trotzdem nicht aus. In der Regel genügt aber eine einfache Einnahmen-Überschussrechnung (EÜR), um das Finanzamt zufriedenzustellen. Keine Sorge: Für die Einnahmen-Überschussrechnung benötigen Sie keine höhere Mathematik und auch keine spezielle Buchführungssoftware. Es ist eigentlich nichts anderes als das Haushaltsbuch der berühmten schwäbischen Hausfrau.

Im Prinzip genügt Ihnen eine **Excel-Tabelle** mit einer Spalte für Einnahmen und einer Spalte für Ausgaben. Wichtig ist vor allem, dass Sie diese Posten bei Bedarf alle belegen können. Das heißt: Archivieren Sie Ihre Belege und Rechnungen! Normalerweise müssen Sie diese dem Finanzamt nicht überstellen, und wenn Sie Glück haben, dann will Ihr ganzes Geschäftsleben lang niemand diese Belege prüfen. Aber wenn es doch notwendig sein sollte, dann können Sie von einer übersichtlichen Dokumentation nur profitieren. Sie sind damit auf der sicheren Seite und können zur Not alles nachweisen und belegen. Im Normal interessiert sich aber das Finanzamt bei einem Kleingewerbe nicht dafür, woher das Geld kommt, mit dem Sie Ihre Rechnungen bezahlen.

Übrigens gibt es auch sehr gute Buchführungssoftware auf dem Markt. Die brauchen Sie zwar nicht zwingend, aber eine Anschaffung macht Ihr Leben deutlich leichter

– zumal Sie Ihre Unterlagen dem Finanzamt auch auf elektronischem Weg übermitteln müssen, und das ist mit einer entsprechenden Software leichter als über eine herkömmliche Excel-Tabelle. Wir überlassen die Entscheidung aber selbstverständlich Ihnen – für den Verkauf einer Buchführungssoftware bekommen wir schließlich keine Provision! Eine Buchführungsprogramm hat den Vorteil, dass es Sie vor vielen Form- und Flüchtigkeitsfehlern bewahren kann. Viele Unsicherheiten werden außerdem durch die in vielen Fällen selbsterklärenden Programme direkt bei dem Ausfüllen bereinigt.

Die Einnahmenüberschussrechnung ist Ihr Privileg

Lassen Sie sich von dem etwas umständlichen Namen nicht abschrecken: Die Einnahmen-Überschussrechnung (EÜR) ist eigentlich ein einfaches Verfahren, das dazu gedacht ist, Ihnen das Leben leichter zu machen. Gerade im Vergleich mit der Gewinn- und Verlustrechnung fällt das angenehm auf. Die Einnahmen-Überschussrechnung erlaubt es Ihnen, sich auf das Wesentliche zu konzentrieren: Auf die Ausgaben und Einnahmen, also auf jene beiden Posten, die seit jeher jedes Haushaltsbuch bestimmen. Sie müssen sich weder mit einer doppelten Buchführung noch mit einer Bilanz herumschlagen. Einfacher geht es wirklich nicht!

Die unvermeidlichen rechtlichen Grundlagen für eine Einnahmen-Überschussrechnung regelt das Einkommensteuergesetz (EStG) mit dem 3. Absatz seines Paragrafen 4 – deshalb wird die Einnahmen-Überschussrechnung auch oft als 4/3-Rechnung bezeichnet. Dieser Name hat also überhaupt nichts mit Mathematik zu tun und spielt nicht auf irgendwelche mathematischen

Verhältnismäßigkeiten an. Es ist alles ganz einfach. Es geht nur um Minus und Plus, um Subtraktion und Addition. Bruchrechnen und komplizierte mathematische Formeln brauchen wir nicht! Wenn Sie an die Einnahme-Überschussrechnung denken, dann stellen Sie sich einfach vor, wie Sie früher Ihr Taschengeld verwa tet haben. Die Einnahmen-Überschussrechnung ist im Grunde auch nichts anderes – wir haben jetzt nur einen etwas professionelleren Namen dafür.

Die Einnahmenüberschussrechnung ist streng genommen keine Pflicht, sondern ein Privileg. Sie darf nur von zwei Gruppen erstellt werden: Das sind zum einen die Freiberufler, also Selbstständige, die kein Gewerbe anmelden müssen und damit auch von der Gewerbesteuer befreit sind. Zum anderen sind das Gewerbetreibende ohne Kaufmannseigenschaften, deren **Jahresumsatz unter 600.000 Euro** liegt und deren **Jahresgewinn** die Grenze von **60.000 Euro** nicht überschreitet. Zu der letztgenannten Gruppe zählen natürlich auch Sie als Kleingewerbetreibender.

So funktioniert die Einnahmenüberschussrechnung

Mit der Einnahmen-Überschuss-Rechnung (EÜR) erklären Sie dem Finanzamt, wie sich Ihr Gewinn im zurückliegenden Geschäftsjahr zusammengesetzt hat. Dafür müssen Sie aber nicht Ihr Haushaltsbuch einreichen, in dem Sie über das Jahr Ihre Einnahmen und Ausgaben notiert haben. Vielmehr finden Sie bereits in Ihrer Steuererklärung ein Formular mit dem Titel Anlage EÜR. Dieses Formular müssen Sie einfach gewissenhaft ausfüllen und wie Ihre übrige Steuererklärung dem Finanzamt auf elektronischem Weg übermitteln. Am besten funktioniert das über eine Software mit der Schnittstelle ELSTER – wir informieren Sie unter dem Unterkapitel **3.2.6 Steuerpflicht** genauer über dieses Thema. Hier nur so viel: An einer elektronischen Datenübermittlung kommen Sie leider nicht vorbei. Der im Internet und in veralteten Ratgeber-Büchern manchmal zu findende Tipp, als Kleingewerbetreibender bzw. Kleinunternehmer einfach die formlose Gewinnermittlung auf Papier zu verfassen und analog beim zuständigen Finanzamt einzureichen, ist leider obsolet: Seit 2017 gibt es keine formlose Gewinnermittlung mehr und die elektronische EÜR-Vorlage ist auch für Kleinunternehmer verpflichtend. Das ist leider doch eine ganze Ecke aufwendiger als die zuvor noch gültige Methode der formlosen Gewinnermittlung – aber daran lässt sich nichts mehr ändern.

Allerdings ist dies auch durchaus mit einer deutlichen Vereinfachung verbunden, wenn Sie das System erst einmal verstanden haben. Die standardisierte Methode sorgt außerdem dafür, dass Ihre Angaben besser nachvollziehbar sind und Sie keine zusätzlichen Prüfungen befürchten müssen. Auf der Grundlage dieser Eingabe ermittelt das Finanzamt die Höhe der Steuer, die Sie zu zahlen haben.

Die der Einnahmen-Überschussrechnung zugrunde liegende Formel ist denkbar einfach: Sie zählen am Ende des Kalenderjahres alle Einnahmen zusammen und ziehen von diesem Ergebnis die Summe aller Ihrer Ausgaben ab. Das ist im Prinzip Grundschulmathematik. Damit diese Rechnung aber ohne Fehler gelingt, müssen Sie sowohl Ihre Einnahmen als auch Ihre Ausnahmen über das gesamte Jahr hinweg sorgfältig dokumentieren – sonst fehlen Ihnen am Ende wichtige Posten. Wie Sie diese Dokumentation vornehmen, ob analog oder digital, das bleibt zunächst Ihnen überlassen. Aber Sie sollten Folgendes bedenken: Eine Sammlung von Papieren und Notizen kommt schnell durcheinander und kann auch einmal verlorengehen. Außerdem müssen Sie die auf Papier festgehaltenen Daten ohnehin früher oder später digital erfassen, bevor Sie Ihre EÜR dem Finanzamt übermitteln. Eine Möglichkeit wäre die beliebte und bewährte Excel-Tabelle. Aber auch diese hat einen entscheidenden Haken, den Sie kennen sollten: Ihr Finanzamt möchte sie nicht haben. Sie müssen also die Excel-Tabelle ebenfalls in mühevoller Handarbeit in das elektronische EÜR-Formular übertragen. Am besten schaffen Sie sich also eine geeignete Buchführungssoftware an, die Sie dann über die ELSTER-Schnittstelle mit dem Finanzamt verbinden. Weitere Informationen finden Sie in dem bereits erwähnten Unterkapitel zur Steuerpflicht.

Theoretisch ist es übrigens noch immer möglich, eine Einnahmenüberschussrechnung auf Papier durchzuführen. Sie müssen nur die entsprechenden Bedingungen erfüllen: Wenn Sie dem Finanzamt glaubhaft versichern können, dass Sie weder über einen Computer, noch über einen Internetzugang und einen Steuerberater verfügen, dann wird eine Übersendung der entsprechenden Unterlagen in Papierform akzeptiert. In der Praxis dürfte das für Sie allerdings nur schwer zu bewerkstelligen sein (schließlich lesen Sie gerade ein E-Book, das Sie im Internet erworben haben).

An dieser Stelle noch einmal der wichtige Hinweis: Sollten Ihre Einnahmen nach vollständiger Addition die derzeit zulässige Höchstgrenze von 22.500 Euro übersteigen, sind Sie für eine Einnahmenüberschussrechnung zu erfolgreich. Die EÜR kommt dann für Sie nicht mehr infrage. Wichtig ist dabei, dass die genannte

Höchstgrenze sich auf Ihre **Einnahmen** bezieht, **nicht** auf Ihren Gewinn! **Vor allen Abzügen** darf die Summe Ihrer Einnahmen nicht höher sein als 22.500 Euro.

Zu den Ausgaben, die Sie von der Summe Ihrer Einnahmen abziehen dürfen, gehört auch die bereits geleistete Umsatzsteuer, falls Sie nicht von der Kleinunternehmerregelung Gebrauch machen. Sind Ihre Gesamtausgaben höher als Ihre Gesamteinnahmen, errechnen Sie also eine negative Summe, dann müssen Sie zwar keine Einkommenssteuer bezahlen, haben dafür aber einen Verlust eingefahren – das heißt, Ihr Kleingewerbe war in diesem Kalenderjahr ein Minusgeschäft. Das ist natürlich nicht unser Ziel! Wir hoffen, dass Sie stattdessen einen Gewinn erzielen. Dieser Gewinn ist die positive Differenz zwischen Ihren Gesamteinnahmen und Gesamtausgaben. Und auf diesen Gewinn müssen Sie dann auch Einkommenssteuer bezahlen, denn man spricht hierbei von einem einkommenssteuerpflichtigen Gewinn aus Gewerbebetrieb.

Achtung: An dieser Stelle noch einmal der wichtige Hinweis: Ihre Belege und Rechnungen, die der Einnahmenüberschussrechnung zugrunde liegen, müssen Sie natürlich in vollem Umfang aufbewahren – Sie müssen diese Unterlagen allerdings nicht dem Finanzamt übermitteln. Bei Bedarf wird das Finanzamt die entsprechenden Belege anfordern bzw. bei Ihnen einsehen. Die Aufbewahrung ist nicht nur ein guter Rat, sondern auch eine gesetzliche Verpflichtung.

Die Soll- und Ist-Versteuerung

Neben der Einnahmeüberschussrechnung werden Sie als Kleingewerbetreibender möglicherweise auch noch mit der sogenannten Soll- und Ist-Versteuerung in Berührung kommen. Die Soll- und Ist-Versteuerung hängt unmittelbar mit der Umsatzsteuer zusammen, die Sie auch als Betreiber eines Kleingewerbes entrichten müssen, sofern Sie nicht von der Kleinunternehmerregelung Gebrauch machen. Genau genommen handelt es sich um zwei verschiedene Steuermodelle, die wir Ihnen an dieser Stelle kurz vorstellen wollen.

Zuerst etwas Grundsätzliches: Die Umsatzsteuer müssen zwar in letzter Konsequenz Ihre Kunden entrichten, für die Weiterleitung an das Finanzamt sind jedoch Sie verantwortlich. An dieser Pflicht ändert auch die Wahl zwischen Soll- und Ist-Versteuerung nichts. Allerdings hat Ihre diesbezügliche Festlegung eine unmittelbare Auswirkung auf den Zeitpunkt der anfallenden Zahlung.

Die **Soll-Versteuerung** geht von der Rechnung aus, die Sie Ihrem Kunden ausstellen und auf der die zu zahlende Umsatzsteuer separat ausgewiesen ist. Das heißt: Direkt nach dem Ausstellen der Rechnung wird auch die Umsatzsteuer an das Finanzamt fällig – unabhängig davon, wie lange der Kunde braucht, um die Rechnung zu bezahlen. Sie merken schon, wo hier der Haken sitzt? Das Finanzamt möchte an Ihr Sparschwein – egal, ob das nun schon gut gefüllt ist oder noch darben muss. Ganz ohne Spaß: Für ein kleines Unternehmen, zumal für eine Gründerexistenz, kann das eine sehr unangenehme Sache sein. Unter Umständen müssen Sie nämlich in eine ganz erhebliche Vorleistung gehen, die Sie an den

Rand Ihrer Leistungsfähigkeit bringen kann. Anders sieht es bei der Ist-Versteuerung aus.

Die **Ist-Versteuerung** geht nämlich bei der Berechnung der Umsatzsteuer nur von dem Geld aus, das tatsächlich in Ihrer Kasse ist, von Ihren effektiven Einnahmen. Bei der Ist-Versteuerung zahlen Sie nur, wenn auch Ihr Kunde schon bezahlt hat. Das ist eine viel angenehmere Reihenfolge, finden Sie nicht? Außerdem haben Sie bei der Ist-Versteuerung natürlich eine weit größere Zeitspanne als Frist für die Zahlung der Steuer. Die Ist-Versteuerung ist gerade für kleine Unternehmen eine immense Erleichterung und Absicherung.

Noch einmal zur Verdeutlichung: Bei der **Soll-Versteuerung** müssen Sie Geld versteuern, das erst noch seinen Weg in Ihre Kasse finden **soll**. Bei der **Ist-Versteuerung müssen** Sie Geld versteuern, das bereits in Ihrer Kasse **ist**.

Eigentlich liegt es nun auf der Hand, dass die Ist-Versteuerung Ihre ideale Wahl ist. Allerdings ist es dem Finanzamt natürlich viel lieber, es kriegt Ihr Geld schnell und frühzeitig. Deshalb ist im Umsatzsteuergesetz (UStG) verbindlich festgelegt, dass im Regelfall die Sollbesteuerung gilt (§ 16 Abs. 1 UStG). Ja, das Finanzamt schenkt uns nichts – jedenfalls nicht freiwillig. Wenn Sie von der Ist-Versteuerung profitieren möchten, dann müssen Sie einen entsprechenden Antrag stellen. Dieser wird aber nur einen positiven Bescheid erhalten, wenn Sie die folgenden Voraussetzungen (§ 20 UStG) erfüllen:

- Sie sind von der Buchführungs- und jährlichen Abschlusspflicht befreit.

- Sie haben im vorangegangenen Geschäftsjahr weniger als 600.000 Euro Gesamtumsatz gemacht.
- Sie üben eine freiberufliche Tätigkeit aus und ermitteln Ihren Gewinn durch eine Einnahmenüberschussrechnung.

Sie merken schon: Diese Anforderungen passen sehr gut mit den Kriterien für ein Kleingewerbe zusammen. Als Existenzgründer und Kleingewerbetreibender sollten Sie sich also auf jeden Fall um die Ist-Versteuerung bemühen – diese bietet Ihnen viele Vorteile und macht Ihr Geschäftsleben deutlich einfacher.

Die Relevanz eines Firmenkontos

Natürlich haben Sie ein Bankkonto. Und ebenso natürlich könnten Sie darüber Ihren geschäftlichen Zahlungsverkehr für Ihr Kleingewerbe abwickeln. Aber ist das wirklich sinnvoll? Oder sollten Sie sich nicht vielleicht doch ein offizielles Geschäftskonto einrichten? Ist das vielleicht sogar gesetzlich vorgeschrieben? Gibt es eine Pflicht zum Geschäftskonto?

Zunächst einmal ist hier ganz grundsätzlich festzustellen: Ein Geschäftskonto ist für Kleinunternehmer und Kleingewerbetreibende **keine Pflicht**. Wenn Sie möchten, dürfen Sie im Kleingewerbe für Ihre geschäftlichen Transaktionen jederzeit und ausschließlich Ihr bereits bestehendes Privatkonto verwenden. Ob das auch wirklich sinnvoll ist, steht allerdings auf einem ganz anderen Blatt.

Wenn Sie Ihre Bank um Rat fragen, dann wird diese Ihnen sicher zur Eröffnung eines zusätzlichen Geschäftskontos raten – schon aus purem Eigeninteresse, denn ein solches Geschäftskonto bringt der Bank eine schöne Zusatzgebühr ein. Aber auch abseits der Interessen Ihrer Bank gibt es valide Gründe, die für die Einrichtung eines gesonderten Geschäftskontos sprechen. Ein Geschäftskonto funktioniert nicht anders als ein Privatkonto. Man sieht es einer Kontonummer nicht an, ob es sich dabei um ein Geschäftskonto oder um ein Privatkonto handelt, auch für Ihre Kunden macht das keinen Unterschied. Sie brauchen also für ein Geschäftskonto keine neuen Regeln oder Vorschriften lernen. Die Erfahrung vieler Geschäftsleute zeigt aber, dass es ungemein sinnvoll und hilfreich ist, geschäftliche und private Zahlungsvorgänge strikt voneinander zu trennen.

Es bleibt dabei Ihnen überlassen, ob Sie Geschäfts- und Privatkonto bei ein und demselben oder bei verschiedenen Geldinstituten eröffnen wollen. Haben Sie Ihren Kunden aber bereits Ihre Kontonummer und eine Bankleitzahl genannt, dann bedenken Sie, dass Sie durch die Umstellung auf ein Geschäftskonto bei einer anderen Bank Ihren Kunden nicht nur eine neue Kontonummer, sondern auch eine neue Bankleitzahl übermitteln müssen. Ansonsten können Sie die Antwort auf diese Frage auch von den Konditionen abhängig machen, die Ihnen Ihre Bank bietet. Sind diese bei Ihrer Hausbank vertretbar, dann ist es ohne Weiteres möglich, dort auch Ihr Geschäftskonto zu eröffnen. Möchten Sie allerdings Ihre geschäftlichen Zahlungsvorgänge lieber in einem gänzlich anderen Umfeld verorten, dann ist ein Wechsel sinnvoll.

Banken und Sparkassen unterscheiden in ihren Allgemeinen Geschäftsbedingungen üblicherweise durchaus zwischen Privat- und Geschäftskonten. Das liegt unter anderem daran, dass der Verbraucherschutz die Banken gegenüber ihren Privatkunden zu mehr Transparenz zwingt und ihren Spielraum enger gestaltet. Allerdings sind die meisten Banken gegenüber Privatkunden, die ein Kleingewerbe betreiben, äußerst tolerant und erlauben auch geschäftliche Zahlungsvorgänge über das Privatkonto.

Fazit: Ein Firmenkonto ist keine Pflicht, aber in jedem Fall sehr zu empfehlen – auch aus Gründen der schon mehrmals ins Spiel gebrachten Dokumentation. Mit einem Firmenkonto fällt es Ihnen leichter, selbst den Überblick zu behalten – und bei Bedarf anderen die notwendigen Einsichten zu gewähren. Außerdem bleibt Ihnen so immer ein Ausweichkonto, falls es einmal zu Problemen kommen sollte. Ob Sie beide Konten auf verschiedenen Banken anlegen sollten, bleibt Ihnen überlassen.

Steuerpflicht

Unter allen Pflichten ist die Steuerpflicht wahrscheinlich die am wenigsten geschätzte. Fangen wir deshalb gleich noch einmal mit einer guten Nachricht an: Gewerbesteuern müssen Sie in den meisten Fällen nicht bezahlen. Das haben wir Ihnen zwar bereits verraten, aber es schadet nichts, diese frohe Botschaft noch einmal zu wiederholen. Denn es gibt dazu eine wichtige Anmerkung zu machen: Auch wenn das Finanzamt sehr wahrscheinlich keine Gewerbesteuer von Ihnen haben möchte, heißt das noch lange nicht, dass Sie Ihr Kleingewerbe nicht in Ihrer jährlichen Steuererklärung berücksichtigen müssen. Das

Gegenteil ist richtig: Das Kleingewerbe muss unbedingt in der Steuererklärung aufgeführt werden, sonst drohen Restriktionen. Denn entgegen landläufiger Annahme sind Sie bei der Ausübung eines Kleingewerbes keineswegs von den allgemeinen gewerblichen Steuerpflichten befreit – Sie haben vielmehr im Wesentlichen dieselben Steuervorschriften zu beachten wie alle anderen Gewerbetreibenden, Selbstständige und Freiberufler. Aber keine Sorge: Das kriegen Sie hin. Schauen wir uns die einzelnen Steuern einmal genauer an.

Gewerbesteuer

Grundsätzlich sind Sie als Betreiber eines Kleingewerbes nicht von der Gewerbesteuer befreit. Aber in der Praxis kommt Ihnen der geltende Steuer-Freibetrag von derzeit 24.500 Euro für die Gewerbesteuer zugute. Da Ihr Jahresumsatz als Kleingewerbetreibender nicht höher als 22.000 Euro liegen darf, wird es Ihnen mit an Sicherheit grenzender Wahrscheinlichkeit nicht gelingen, einen Gewerbeertrag zu erzielen, der die Grenze von 24.000 Euro überschreitet. Das bedeutet: Sie müssen für Ihr Kleingewerbe keine Gewerbesteuer entrichten, weil Sie bei der Überschreitung der genannten Obergrenze ohnehin nicht mehr als Kleingewerbetreibender gelten können. Um die Gewerbesteuer müssen Sie sich also in den allermeisten Fällen keine Gedanken machen. Noch besser geht es in Deutschland nur Freiberuflern und Personen, die in der Landwirtschaft arbeiten: Diese glücklichen Gruppen sind nämlich ganz grundsätzlich von der Gewerbesteuer befreit – unabhängig von allen Grenzen und Richtwerten.

Einkommenssteuer

Anders sieht es bei der Einkommensteuer aus: Als Kleingewerbetreibender müssen Sie diese zwar erst dann entrichten, wenn Sie den festgesetzten Grundfreibetrag von derzeit 9.744 Euro für Alleinstehende bzw. 19.488 Euro für verheiratete Paare überschreiten. Jenseits dieser Grenze muss aber jeder einzelne Euro versteuert werden – ein Verschweigen der Einkünfte aus dem Kleingewerbe gegenüber dem Finanzamt gilt als Steuerhinterziehung.

Wichtig: Denken Sie daran, dass sich die Einkommenssteuer nicht nur auf Ihr Einkommen aus dem Kleingewerbe errechnet. Als Ihr Einkommen gilt alles, was Sie über das Jahr verteilt einnehmen. Das Finanzamt ist dabei äußerst inklusiv und schließt keine Quelle aus: jede Arbeit, ob selbstständig oder nicht selbstständig, Einkünfte aus Vermietung und Verpachtung, Dividenden. Was immer Sie auch verdienen: Der Staat möchte seinen Teil. Sie müssen also die Einkünfte aus Ihrem Kleingewerbe zu Ihren sonstigen Einkünften addieren. Nur wenn die Summe aller Posten nicht mehr als **9.744 Euro** beträgt, müssen Sie als Alleinstehender keine Einkommenssteuer überweisen.

Umsatzsteuer

Die Umsatzsteuer wird auch Mehrwertsteuer genannt und ist immer dabei: Auf praktisch alle Waren und Dienstleistungen schlägt der Staat noch 19 Prozent Umsatzsteuer auf. Nur Bücher und Lebensmittel sind mit einer ermäßigten Umsatzsteuer von lediglich 7 Prozent belastet. Befreit von der Umsatzsteuer sind lediglich Unternehmer, die die Kleinunternehmerregelung für sich geltend machen können – die Kleinunternehmerregelung ist aber, wie wir bereits gelernt haben, keinesfalls zu verwechseln mit dem Kleingewerbe! Falls Sie nicht unter die Kleinunternehmerregelung fallen bzw. von dieser keinen Gebrauch machen möchten, dann sind Sie umsatzsteuerpflichtig. Sie müssen dann bei Ihrer Preiskalkulation die Umsatzsteuer im Vorfeld berücksichtigen und diese mit Ihrem Finanzamt über die Umsatzsteuervoranmeldung abrechnen. Es kann sich also durchaus lohnen, wenn Sie sich als Kleinunternehmer registrieren lassen – so sparen Sie sich die Umsatzsteuervoranmeldung. Allerdings wirkt es auch etwas weniger professionell, wenn Ihr Unternehmen keine Umsatzsteuer abführt.

Es ist auch vor diesem Hintergrund nicht immer die beste Idee, offiziell auf die Abführung der Umsatzsteuer zu verzichten. Die fehlenden Umsatzsteuerangaben auf der Rechnung machen nicht nur einen weniger professionellen Eindruck, sie führen auch zu höheren Betriebskosten.

Aber auch wenn Sie von der Umsatzsteuerpflicht vollständig befreit sein sollten, kann es durchaus sein, dass Ihr Finanzamt eine Umsatzsteuererklärung von Ihnen haben möchte. In diesem Fall müssen Sie in diese Erklärung aber nur hineinschreiben, dass Sie eben keine Umsatzsteuer generiert haben. Ordnung muss sein! Das findet jedenfalls das Finanzamt, und wir müssen uns wohl oder übel damit arrangieren.

Lohnsteuer

Mit der Lohnsteuer müssen Sie sich nur auseinandersetzen, wenn Sie in Ihrem Kleingewerbe Angestellte beschäftigen. Ist das nicht der Fall, haben Sie mit der Lohnsteuer nichts zu tun. Falls Sie Ihr Kleingewerbe als Team-Gründung angehen, zählen Ihre Partner nicht als Angestellte und es wird auch keine Lohnsteuer fällig. Zwar dürfen Sie als Kleinunternehmer bzw. Kleingewerbetreibender durchaus geringfügig Beschäftigte einstellen, aber das wird gerade in der Anfangszeit nicht der Fall sein. Wenn Angestellte in großem Stil ein Thema werden, dann wird wahrscheinlich auch aus Ihrem Kleingewerbe ein richtiges Gewerbe werden. Deshalb ist die Lohnsteuer für uns hier kein Thema.

Ohne »Elster« geht es nicht

Als Kleingewerbetreibender sind Ihre Steuerpflichten deshalb am Ende des Tages recht überschaubar und kein Grund zu sonderlicher Beunruhigung. Am besten halten Sie sich an die folgende Liste:

- Sammeln Sie alle Ihre Belege über Ihre laufenden Ausgaben und Einnahmen.
- Prüfen Sie regelmäßig Ihren Umsatz auf die Einhaltung der Kleingewerbe-Umsatzgrenze.
- Erstellen Sie gewissenhaft Ihre Einnahmen-Überschussrechnung (EÜR).
- Geben Sie Ihre private Einkommenssteuererklärung ab.
- Machen Sie bei Bedarf Ihre Jahres-Umsatzsteuererklärung (abhängig von Ihrem Finanzamt).

Allerdings können Sie Ihre Unterlagen nicht einfach in einem dicken Kuvert sammeln und auf postalischem Weg ans Finanzamt schicken. Als Kleinunternehmer sind Sie dazu verpflichtet, Ihre Unterlagen auf elektronischem Weg einzureichen. Dafür gibt es die sogenannte »Elster«-Schnittstelle, die speziell für die Datenübermittlung zum Finanzamt gedacht ist und mittlerweile von jeder modernen Buchführungs- und Steuersoftware unterstützt wird. Für diese Übermittlung benötigen Sie zudem in den meisten Fällen noch eine **elektronische Signatur**, die Ihre Daten authentifiziert. Eine solche elektronische Steuersignatur müssen Sie sich auf der offiziellen Seite von ELSTER registrieren (https://www.elster.de/eportal/start). Schauen Sie sich ruhig einmal auf dieser Seite und den verlinkten Unterseiten um – Sie können dort viele nützliche und meist leicht verständliche Informationen für Ihre elektronische Steuererklärung finden. Alternativ können Sie die ganze Mühe auch einfach Ihrem Steuerberater überlassen – dafür fallen allerdings Gebühren an.

Das muss alles in Ihre Steuererklärung

Ja, niemand macht gerne seine Steuererklärung. Das ist eine lästige Aufgabe, zu der uns das Finanzamt Jahr für Jahr verdonnert – erbarmungslos und penibel. Aber alles Jammern hilft nichts, es muss ja gemacht werden. Und für Sie als Kleingewerbetreibender ist es besonders wichtig, dass alle Angaben zuverlässig und vollständig gemacht werden. Schließlich möchten Sie eine peinliche Prüfung Ihrer Geschäftsunterlagen gerne vermeiden, nicht wahr?

Für Ihre Steuerklärung als Kleingewerbetreibender gelten im Prinzip dieselben Regeln wie bei einem »normalen« Gewerbe. Auch wenn Sie von der Kleinunternehmerregelung Gebrauch machen und darum keine Umsatzsteuer abführen müssen, gibt es dennoch eine Menge Angaben, die das Finanzamt gerne von Ihnen haben möchte. Immerhin stellt Ihnen Ihr Finanzamt zu diesem Zweck einige Formulare zur Verfügung, die Sie ausfüllen und auf elektronischem Weg – über die ELSTER-Schnittstelle – an das Finanzamt übermitteln können.

- **Anlage G:** An diesem Formular kommt niemand vorbei, der ein Gewerbe betreibt. Denn das G in Anlage G steht genau dafür, für Gewerbe. Dabei ist es völlig unwichtig, ob es sich um ein normales Gewerbe oder um ein Kleingewerbe handelt. In das Formular G tragen Sie Ihren Gewinn, den Sie mit Ihrer gewerblichen Tätigkeit im vergangenen Jahr erzielt haben, ein. Außerdem müssen Sie alle Veräußerungsgewinne aufführen.
- **Anlage EÜR:** Diesen Namen haben Sie schon einmal gehört – und zwar im vorhergehenden Kapitel über die Buchführungspflicht. Da Sie als Kleingewerbetreibender kein Kaufmann sind, müssen Sie lediglich eine Einnahmenüberschussrechnung zum Zweck der Gewinnermittlung erstellen. Zu diesem Thema finden Sie in dem angesprochenen Kapitel eine eingehende Behandlung.

Grundsätzlich kann man feststellen, dass die Einführung der elektronischen Datenübermittlung für Sie als Betreiber eines Kleingewerbes viele Erleichterungen gebracht hat – das Ausfüllen der für Sie relevanten Formulare geht online praktisch selbsterklärend. Es ist bei den Online-Formularen beinahe schwerer, einen Fehler zu machen, als alle Felder richtig auszufüllen. Deshalb gilt: Keine Angst vor der Steuerklärung – die ELSTER verleiht Ihnen Flügel. Ganz offline geht heute leider nichts mehr – was nicht heißt, dass der Postweg völlig ausgedient hat. Es gibt nämlich noch immer bestimmte Dokumente, die Sie nur postalisch einreichen können. Dazu gehören:

- Nachweise über etwaige Sonderausgaben
- Bescheide diverser Versicherungen (zum Beispiel der Krankenversicherung)
- Bescheide der Bundesagentur für Arbeit (falls vorhanden)
- Steuerbescheide (zum Beispiel für die Kirchensteuer)

Bei der ersten Steuerklärung für das neu gegründete Kleingewerbe ist vielleicht noch nicht ganz klar, welche Unterlagen das Finanzamt effektiv haben möchte. Das ist aber kein Problem: Reichen Sie einfach ein, was Ihnen relevant erscheint. Das Finanzamt wird sich bei Ihnen melden und Ihnen mitteilen, welche Unterlagen für die nächste Steuererklärung wirklich benötigt werden.

Gerade bei der Steuer ist es allerdings eine sehr gute Idee, wenn Sie sich zumindest in Ihrer Anfangszeit einen ausgebildeten Berater zur Seite stellen. Auch eine professionelle Steuersoftware ist sicher eine gute Idee, allerdings ist das Thema Steuer ein so heikles, dass Sie mit einem kompetenten Experten an Ihrer Seite schneller und besser auf individuelle Punkte reagieren können.

Das Ausstellen von Rechnungen

Um das Ausstellen einer Rechnung kommen Sie auch im Kleingewerbe nicht herum. Zwanglose Zahlungen sind nicht gestattet, auch wenn Sie mit Ihren Kunden darüber einig wären. Aber Sie brauchen eine korrekt ausgestellte Rechnung nicht nur für sich und Ihre Kunden, sondern vor allem auch für das Finanzamt. Wenn Sie nicht von der Kleinunternehmerregelung Gebrauch machen, benötigen Sie Rechnungen für den Vorsteuerabzug. Erkennt das Finanzamt Ihre Rechnungen nicht als gültig an, dann stehen Sie hier vor einem großen Problem.

Eine Rechnung ist ein offizielles Dokument, das unter Umständen sogar vor Gericht Bestand haben muss. Entsprechend ist die Gestaltung einer Rechnung nicht Ihrem persönlichen Geschmack anheimgestellt. Sie müssen vielmehr bestimmte Vorgaben erfüllen, damit die Rechnung auch wirklich wasserdicht ist und allen kritischen Prüfungen standhalten kann. Improvisationen sind beim Ausstellen einer Rechnung deshalb nicht am Platz.

Am besten schaffen Sie sich für diesen Zweck eine geeignete Software an. Natürlich könnten Sie Ihre Rechnungen auch mit Hilfe von Excel oder ähnlichen Programmen selbst basteln. Davon ist aber unbedingt abzuraten: Zu groß ist die Gefahr, dass es dabei zu Fehlern aufgrund fehlerhafter Zell-Verknüpfungen oder ähnlichen Faktoren kommt. Mit einer speziellen Software sind Sie auf der sicheren Seite und sparen außerdem beim Erstellen der Rechnungen viel Zeit.

Unverzichtbare Pflichtangaben für jede Rechnung

Ob Software oder nicht – jede Rechnung, die Sie als Kleinunternehmer bzw. Kleingewerbetreibender ausfüllen, muss eine ganze Reihe an Pflichtangaben beinhalten. Damit Sie keinen dieser Punkte vergessen, ist eine standardisierte Vorlage sicher sinnvoll und macht außerdem bei Ihren Kunden einen professionellen Eindruck.

- **Name und Anschrift des Leistungserbringers:** Sie müssen Ihren vollständigen Namen mitsamt der Anschrift auf der Rechnung angeben.
- **Name und Anschrift des Leistungsempfängers:** Sie müssen den vollständigen Namen mitsamt Anschrift Ihres Kunden auf der Rechnung angeben.
- **Steuernummer oder Umsatzsteueridentifikationsnummer:** Sie müssen die Steuernummer, die Sie von Ihrem Finanzamt erhalten haben oder die Umsatzsteueridentifikationsnummer auf der Rechnung angeben. Wenn Sie diesbezüglich unsicher sind, fragen Sie ruhig bei Ihrem Finanzamt nach.
- **Rechnungsdatum:** Sie müssen das Datum angeben, an dem Sie die Rechnung für Ihren Kunden ausstellen. Dieses Datum ist wichtig für die Berechnung der Steuer bzw. für Garantien und sonstige Fristen. Es muss also zuverlässig angegeben werden.
- **Rechnungsnummer:** Jede Rechnung muss eine einmalig vergebene Nummer erhalten, die eine eindeutige Identifikation und Zuordnung erlaubt. Die Nummer ist sozusagen der Name und Ausweis der Rechnung.
- **Umfang und Art der erbrachten Leistung:** Sie müssen eine genaue Bezeichnung der erbrachten Dienstleistung bzw. der gelieferten Waren auf der

Rechnung angeben. Bei einer Warenlieferung müssen Sie die Menge der gelieferten Waren angeben sowie eine möglichst exakte Bezeichnung. Dasselbe gilt für eine erbrachte Dienstleistung: Hier müssen Sie präzise benennen, was Sie getan haben und wie viel Zeit das in Anspruch genommen hat.

- **Genau aufgeschlüsselte Netto- und Brutto-Beträge:** Sie müssen auf Ihrer Rechnung genau ausführen, welchen Preis Sie selbst vor Aufschlag aller Steuern berechnen und dann die entsprechenden Steuersätze präzise aufschlüsseln. Aus Ihrer Rechnung muss vollkommen transparent hervorgehen, wie sich der Gesamtpreis, den Ihr Kunde zahlen muss, genau zusammensetzt. Als Kleinunternehmer müssen Sie natürlich keine Umsatzsteuer angeben, sollten stattdessen aber ausdrücklich auf die Steuerbefreiung hinweisen, um bei Ihrem Kunden keine Unsicherheiten entstehen zu lassen. Eine hierfür geeignete Formulierung wäre zum Beispiel der Satz: »*Nach §19 UStG wird keine Umsatzsteuer berechnet.*«, oder: »*Kein Ausweis der Umsatzsteuer nach §19 UStG.*« Dann wissen Kunde und Finanzamt gleich, woran sie sind und Sie ersparen sich Nachfragen und Prüfungen.
- **Liefer- bzw. Leistungsdatum:** Sie müssen auf Ihrer Rechnung monatsgenau angeben, wann eine Lieferung oder eine sonstige Leistungserbringung erfolgt. Falls zutreffend, können Sie diese Angabe auch ersetzen durch den schlichten Hinweis, dass das Datum der Lieferung bzw. Leistung mit dem der Rechnung übereinstimmt.

Das mag jetzt auf den ersten Blick alles ein bisschen viel erscheinen, aber bei genauem Hinsehen werden Sie feststellen, dass das eigentlich keine große Sache ist. Die meisten Angaben hätten Sie Ihrem Kunden wahrscheinlich ohnehin übermittelt. Wenn Sie eine geeignete Software benutzen, dann ist das Ausfüllen und Angeben der entsprechenden Daten ohnehin ein Selbstläufer. Deshalb auch an dieser Stelle noch einmal die Empfehlung: Machen Sie sich das Leben leichter, schaffen Sie sich ein geeignetes Programm an. Die kleine Investition lohnt sich, denn sie hilft Ihnen auch dabei, Fehler zu vermeiden.

Wenn Sie erst einmal keine gesonderte Software extra zu diesem Zweck anschaffen möchten, dann können Sie – falls vorhanden – auch einfach Excel nutzen und die Rechnung als Tabelle anlegen. Auch Word erfüllt diesen Zweck recht gut. Allerdings sind diese Programme nicht eigens für die Ausstellung von Rechnungen ausgelegt und Sie müssen die entsprechenden Angaben alle von Hand eingeben und formatieren. Ein Tipp für Sie: Viele Rechnungsprogramme sind als kostenfreie Demo- und Probierversionen erhältlich, mit denen sie unverbindlich experimentieren können, bis Sie das für Sie geeignete Programm gefunden haben.

Letzten Ende ist das Erstellen einer Rechnung zwar eine unumgängliche Pflicht, aber letztlich nur eine relativ einfache Routine. Wenn Sie das Prinzip erst einmal verstanden haben, dann erstellen Sie Ihre Rechnungen im Schlaf!

Versicherungspflicht

Ohne Netz und doppelten Boden dürfen sich vielleicht besonders wagemutige Zirkusartisten in der Manege beweisen, für das Kleingewerbe ist so viel Risikofreude allerdings nicht empfehlenswert – und auch nicht erlaubt. Der Gesetzgeber hat auch für die Geschäftswelt bestimmte Sicherheitsregeln festgelegt, sozusagen Geschwindigkeitsbegrenzungen für die Berufsautobahn. Eine davon ist die Versicherungspflicht. Es ist Ihnen bei der Gründung eines Kleingewerbes eben nicht freigestellt, ob und wie Sie sich gegen drohende Verluste und Schäden absichern.

Wie die Versicherungspflicht im Einzelfall aussieht, hängt eben auch von diesem konkreten Einzelfall ab. Ihre persönliche Situation hat darauf unmittelbaren Einfluss. Es kommt fast immer sehr darauf an, als was Sie Ihr Kleingewerbe betreiben: Sind Sie Rentner, Arbeitnehmer, Student? In jedem Fall steht fest: Um einen ausreichenden Versicherungsschutz kommen Sie nicht herum. Viele unnötigen Pleiten hatten auch mit einem ungenügenden Versicherungsschutz zu tun. Hier sollten Sie deshalb nichts dem Zufall überlassen und auf keinen Fall am falschen Ende sparen. Gehen wir doch die wichtigsten Versicherungen einmal der Reihe nach durch. Dabei ist klar, dass die folgende Übersicht nicht die kompetente Beratung durch einen spezialisierten Versicherungsfachmann ersetzen kann. Doch es schadet sicher nichts, wenn Sie alle wichtigen Versicherungsarten schon einmal gehört haben und zumindest grob einordnen können. Welche Kosten im Einzelnen auf Sie zukommen, hängt von Ihrer persönlichen Situation und den Konditionen Ihres Versicherungsanbieters ab.

Inhaltsversicherung

Zu den wichtigsten Versicherungen, die Sie als Kleingewerbetreibender abschließen sollten, zählt die Inhaltsversicherung. Die Inhaltsversicherung heißt so, weil sie den **Inhalt** Ihrer Geschäftsräume versichert: Die von Ihnen beruflich verwendeten Geräte, die von Ihnen gehandelten und gelagerten Waren sowie Ihre vollständige Einrichtung werden von der Inhaltsversicherung abgedeckt. Auf diese Versicherung sollten Sie keineswegs verzichten, denn wenn es zu Schäden in Ihren Betriebsräumen kommt, kann das Ihrem Geschäft schnell die Grundlage entziehen, wenn Sie diese allesamt auf eigene Rechnung kompensieren müssen. Deshalb: *Kein Kleingewerbe ohne Inhaltsversicherung!*

Rechtsschutzversicherung

Ebenfalls unverzichtbar ist für jeden Geschäftsmann (und heute eigentlich auch jeden Privatmann) die Rechtsschutzversicherung. Bei gerichtlichen Auseinandersetzungen können sich in Windeseile schwindelerregende Summen addieren. Für viele Betriebe kann ein solcher Rechtsstreit in hohem Maße existenzbedrohend sein, wenn die Kosten selbst geschultert werden müssen. Vielleicht denken Sie jetzt, dass Sie bei anständiger Geschäftsführung keinen Rechtsstreit zu befürchten hätten, aber das ist wirklich ein Trugschluss: Gerichtliche Auseinandersetzungen können auch den ehrlichsten Geschäftsmann unverschuldet treffen. Eine Rechtsschutzversicherung ist deshalb auch eine Art Lebensversicherung für Ihr Kleingewerbe. Es mehren sich die Stimmen, die eine Rechtschutzversicherung selbst für Privatpersonen zur Pflicht machen wollen – umso wichtiger ist eine solche Versicherung dann für jeden Geschäftsmann.

Kranken- und Pflegeversicherung

Bei der Kranken- und Pflegeversicherung stellt sich zunächst die Frage, ob Sie privat oder gesetzlich versichert sind. Bei der **privaten Krankenversicherung** sind Sie aus dem Schneider: Die PVK orientiert sich für ihre Prämien nämlich nicht an Ihren Einkünften. Die private Krankenversicherung interessiert sich nur für Ihren persönlichen Gesundheitszustand, für Ihr Alter und natürlich für die von Ihnen gewünschten Versicherungsleistungen.

Bei der **gesetzlichen Krankenversicherung** spielt hingegen Ihr sonstiger Status eine wichtige Rolle: Als gewöhnlicher **Arbeitnehmer** bleiben Sie normalerweise einfach über Ihre hauptberufliche Anstellung versichert – Sie müssen aufgrund Ihres kleingewerblichen Nebenverdienstes keine zusätzlichen Beiträge leisten. Das setzt natürlich voraus, dass Sie über Ihre Angestelltentätigkeit tatsächlich auch in vollem Umfang sozialversichert sind.

Aber Vorsicht: Wie wir bereits in einem früheren Kapitel erwähnt haben, stellen die Krankenkassen bei einer Nebentätigkeit strenge Regeln auf! Deshalb noch einmal zur Erinnerung: Damit Sie als Arbeitnehmer über Ihre hauptberufliche Anstellung krankenversichert bleiben können, müssen Sie Ihre Nebentätigkeit auch wirklich als Nebentätigkeit ausüben, das heißt: Sie dürfen damit nicht mehr verdienen, als es in Ihrem Hauptberuf der Fall ist und Sie dürfen in der Woche nicht mehr als 18 Stunden Arbeitszeit aufwenden. Das gilt auch für etwaige Mitarbeiter in Ihrem Nebengewerbe! Diese dürfen Sie nämlich nur geringfügig beschäftigen. Werden diese Bedingungen nicht eingehalten, kommen Sie um den Abschluss einer zusätzlichen Krankenversicherung nicht herum.

Die bereits eingangs erwähnte **private Krankenversicherung** ist ohnehin für viele Selbstständige die bessere Wahl: Die medizinische Versorgung fällt in den meisten Fällen besser und umfangreicher aus als bei der gesetzlichen Krankenkasse. In der Regel bevorzugen Ärzte Privatpatienten, außerdem fallen die Beiträge maßvoll aus und werden unter Umständen sogar mit Rückzahlungen verringert, wenn der Versicherungsnehmer die Leistungen der privaten Krankenversicherung nicht oder nur in geringem Maße in Anspruch genommen hat.

Anders sieht es bei **Rentnern** und **Pensionären** aus. Auch wenn Sie als Rentner und Pensionär bereits einer gesetzlichen Kranken- und Pflegeversicherung angehören, müssen Sie auf die Einnahmen aus Ihrem Kleingewerbe sehr wahrscheinlich zusätzliche Beiträge entrichten.

Alle **Studenten**, die lediglich einen vergünstigten Krankenkassenbeitrag zahlen müssen, dürfen es auch weiterhin bei diesem belassen. Um Einkommensobergrenzen brauchen Sie sich als Student keine Gedanken zu machen – dafür aber um Ihre Arbeitszeit: Sie dürfen in der Woche maximal 20 Stunden für die Ausübung Ihres Kleingewerbes aufwenden.

Außerdem haben **Studenten** bis zum 25. Lebensjahr die Möglichkeit, sich über einen Angehörigen beitragsfrei in die **Familienversicherung** aufnehmen zu lassen. Diese Möglichkeit gilt selbstverständlich auch für **Schüler** sowie für **Ehe- und Lebenspartner**. Dabei ist allerdings unbedingt zu beachten, dass eine Einkommensobergrenze gilt: Das regelmäßige Gesamteinkommen darf pro Monat nicht höher als 395 Euro liegen, sonst werden separate Versicherungsgebühren fällig.

Berufshaftpflichtversicherung

Keine Frage: Sie wollen Ihren Beruf ordentlich ausüben zum Wohle Ihrer Kunden. Was aber, wenn Sie versehentlich einen Fehler machen, der Ihrem Kunden ungewollte Kosten verursacht? Dann springt die Berufshaftpflicht ein, die auch Vermögensschadenhaftpflichtversicherung genannt wird. Für viele Berufe wichtig: Auch Schäden, die infolge einer falschen Beratung entstehen, sind von einer Berufshaftpflicht abgedeckt.

Selbst Betrug und eine Verletzung der Geheimhaltungspflicht oder von Datenschutzgesetzen werden von der Berufshaftpflicht übernommen. Eine Berufshaftpflichtversicherung ist für manche Berufe sogar zwingend vorgeschrieben. Dazu zählen Steuerberater, Rechtsanwälte, Notare, Wirtschaftsprüfer, Ärzte, Versicherungsvermittler, Immobilienkreditvermittler und in bestimmten Bundesländern auch Architekten. Ob Sie von dieser Pflicht betroffen sind, müssen Sie bei Ihrem Branchenverband in Erfahrung bringen.

Oft mit Berufshaftpflichtversicherung in einem Atemzug genannt und sogar gleichgesetzt, ist die Betriebshaftpflichtversicherung. Die ist allerdings doch ein wenig verschieden bekommt deshalb bei uns einen eigenen Abschnitt spendiert.

Betriebshaftpflichtversicherung

Es muss selbstverständlich kein Vorsatz sein, aber zu Personen- und Sachschäden kann es bei der Ausübung Ihrer kleingewerblichen Tätigkeit immer kommen. Auch dann stehen Sie in der Haftung – und wenn Sie keine Betriebshaftpflichtversicherung abgeschlossen haben, kann das für Sie ganz empfindlich teuer werden. Ihre privaten Versicherungen springen bei Schäden, die Sie in Ihrem Beruf verursachen, nicht ein – deshalb sollten Sie keinesfalls auf eine Betriebshaftpflichtversicherung verzichten. Insbesondere Personenschäden können langwierige Behandlungskosten sowie Schmerzensgeld und sonstige Entschädigungszahlungen nach sich ziehen. Denken Sie daran: Sie haften als Kleingewerbetreibender in unbegrenzter Höhe für alle Schäden – aber eine Betriebshaftpflichtversicherung übernimmt hier alle anfallenden Kosten für Sie.

Ø Berufshaftpflichtversicherung und Betriebshaftpflichtversicherung sind nicht dasselbe!

Trotz der großen Namensähnlichkeit beschreiben beide Versicherungen unterschiedliche Leistungen, auch wenn es in der Praxis natürlich häufig Überschneidungen gibt. Als einfache Eselsbrücke lässt sich festhalten, dass die Berufshaftpflichtversicherung sich auf einen bestimmten Beruf beschränkt, während die Betriebshaftpflichtversicherung einen ganzen Betrieb umfasst. Die Berufshaftpflichtversicherung hat Vermögensschäden im Blick, während die Betriebshaftpflichtversicherung auf Personen- und Sachschäden ausgerichtet ist. Es gibt außerdem einen Branchenfokus: Die Berufshaftpflicht ist wichtig für beratende Berufe und Dienstleistungen, die

Betriebshaftpflicht hilft Handwerksbetrieben, der Gastronomie und Hotelwirtschaft, Büros und Dienstleistern sowie Transport- und Logistikunternehmen. Bei beiden Versicherungen ist die Deckungssumme frei wählbar: 250.000 Euro, 500.000 Euro oder 1.000.000 Euro. In beiden Fällen prüfen die Versicherer, ob die Ansprüche berechtigt sind – Sie genießen also gleichzeitig einen passiven Rechtschutz.

Arbeitslosen- & Unfallversicherung

Über die **Arbeitslosenversicherung** brauchen Sie sich als Kleingewerbetreibender keine Gedanken zu machen. Selbstständige und Unternehmer müssen sich nämlich nach geltender Regelung nicht gegen Arbeitslosigkeit versichern. Das gilt auch für Kleingewerbetreibende! Sie können sich also eine derartige Versicherung sparen. Inwieweit Sie aus freien Stücken in der Lage und gewillt sind, für eine solche Situation vorzusorgen, bleibt Ihnen überlassen. Es ist allerdings sicher sehr sinnvoll, einen Sicherheitsgurt zu installieren – vor allem dann, wenn Sie Ihr Kleingewerbe nicht im Nebenberuf, sondern als Hauptgewerbe ausüben und so also auch finanziell von dieser Tätigkeit abhängig sind. Allerdings bleibt Ihnen auch bei der Ausübung eines Kleingewerbes Ihr Anspruch auf Arbeitslosengeld erhalten, so dass Sie die Kosten für diese Versicherung bei knapper Kalkulation einsparen können.

Bei der **Unfallversicherung** sieht die Sache hingegen ein wenig (aber wirklich nur ein wenig) anders aus. Grundsätzlich sind Sie als Kleingewerbetreibender auch hier von der Versicherungspflicht befreit und müssen nicht zwangsweise den Berufsgenossenschaften angehören

– wir haben weiter oben schon über dieses Thema gesprochen. Allerdings gibt es hier weit mehr Ausnahmen: Wenn Sie beispielsweise als Landwirt, Fischer oder Schiffer tätig sind, schreibt Ihnen das Gesetz eine Unfallversicherung vor. Wenn Sie im Druck- bzw. Textilgewerbe tätig sind, müssen Sie aufgrund der in diesen Branchen geltenden Satzungen ebenfalls eine solche Versicherung abschließen. Wenn Sie Ihr Kleingewerbe aber wirklich nur als Nebentätigkeit ausüben, dann können Sie sich in vielen Fällen auf Antrag von der Versicherungspflicht befreien lassen.

Rente und Rentenversicherung

Die Rentenversicherung ist ein komplexes Feld mit vielen Feinheiten. Es ist praktisch unmöglich, hier eine allgemeingültige Regelung festzuhalten. Denn zwar sind einerseits Selbstständige und Unternehmer in Deutschland von der Rentenversicherungspflicht ausgenommen. Andererseits besteht für eine ganze Reihe Berufe, die in der Regel selbstständig ausgeübt werden, sehr wohl eine solche Pflicht. Dazu zählen beispielsweise eine Tätigkeit als Handwerker, Fahr-, Sprach- und Nachhilfelehrer, Pflegedienstleister oder Künstler. Im Zweifel hilft nur eine Anfrage bei Ihrem Berufs- oder Branchenverband. Es spielt in diesem Fall übrigens keine Rolle, ob Sie Ihr Kleingewerbe als Haupt- oder Nebentätigkeit ausüben – wenn Ihr Beruf von der Rentenversicherungspflicht betroffen ist, dann gilt diese immer.

Für Rentner und Pensionäre ergibt sich außerdem die Frage, ob und inwieweit sich das ausgeübte Kleingewerbe auf die Rente bzw. die Pension auswirkt. Auch hier spielen diverse Faktoren eine Rolle. Besonders wichtig ist das

Einstiegsalter in die Rente. Haben Sie bereits die Altersgrenze für die **Regelaltersgrenze** erreicht, dann haben Sie durch die Einkünfte aus Ihrem Kleingewerbe keinerlei Einbußen bei Ihrer Rente zu befürchten.

Sind Sie hingegen in **Frührente** gegangen und verdienen mehr als 450 Euro pro Monat zu Ihrer Rente hinzu, müssen Sie mit Kürzungen rechnen – jedenfalls so lange, bis Sie die Regelaltersgrenze erreicht haben. Die Höhe der Abzüge richtet sich auch danach, ob Sie eine Voll- oder Teilrente beziehen.

Auch bei der **Hinterbliebenen-Rente** werden die Einkünfte aus dem Kleingewerbe angerechnet, zusätzlich zu weiteren möglichen Posten wie den eigenen Rentenansprüchen und sonstigen Einkünften. Es gibt auch hier einen Freibetrag, der jährlich erhöht wird. Bis zum 30. Juni 2021 beträgt der Freibetrag 877,27 Euro in Ostdeutschland und 902,62 Euro in Westdeutschland. Übersteigt Ihr Nettoeinkommen diesen Freibetrag, werden 40 Prozent des verbleibenden Nettoeinkommens auf Ihre Hinterbliebenen-Rente angerechnet. Allerdings trifft das nicht auf alle Einkünfte gleichermaßen zu: Mieteinnahmen werden zu 25 Prozent angerechnet, Einkünfte wie das Arbeitslosengeld II hingegen überhaupt nicht.

Beziehen Sie eine **Erwerbsminderungsrente**, dann hängt es vom Grad Ihrer Erwerbsminderung ab, ob Sie Einbußen aufgrund Ihrer zusätzlichen Einkünfte hinnehmen müssen.

Einen Sonderfall stellen **Pensionäre** dar. Hier gibt es ganz unterschiedliche Regelungen für Hinzuverdienste, die individuell erfragt werden müssen. In der Regel gilt aber, dass der Hinzuverdienst erhalten bleibt – allerdings können bei der Überschreitung bestimmter Obergrenzen die Versorgungsbezüge gekürzt werden. Da Bund, Länder und Gemeinden hier sehr unterschiedlich verfahren, können keine allgemeingültigen Aussagen getroffen werden.

Um- oder Abmeldung eines Kleingewerbes

Nichts ist für die Ewigkeit, auch ein Kleingewerbe nicht. Entweder möchten Sie nach den ersten Erfolgen Ihr Geschäftsfeld weiter aufbauen und die durch das Kleingewerbe gesetzten Umsatzgrenzen sprengen. Oder Sie sind zu dem Entschluss gekommen, dass Sie Ihr Kleingewerbe aus bestimmten Gründen nicht mehr benötigen und darum nicht weiter ausüben möchten.

Auf keinen Fall können Sie einfach aufhören, Ihr Kleingewerbe auszuüben und es dabei belassen. Eine Abmeldung des Kleingewerbes bei Ihrem zuständigen Finanzamt ist immer notwendig, um von den damit einhergehenden Verpflichtungen befreit zu werden. Ein Gewerbe kann nicht einfach auslaufen, es bleibt so lange bestehen, bis Sie es aktiv beenden.

Warum sollten Sie Ihr Kleingewerbe überhaupt abmelden wollen? Nun, zum Beispiel, weil es schlicht nicht erfolgreich genug verläuft. Aber es gibt noch andere Gründe. Im Wesentlichen wird es nur aus drei Gründen zur Abmeldung eines Kleingewerbes kommen:

- Sie müssen oder wollen Ihr **Gewerbe aufgeben**. Das geht nicht automatisch nach einer bestimmten Frist, sondern muss von Ihnen aktiv eingeleitet werden – durch eine Abmeldung bei dem zuständigen Gewerbeamt.

- Sie wechseln Ihren Wohnort und ziehen in eine **andere Gemeinde** und damit in den Zuständigkeitsbereich eines anderen Gewerbeamtes.
- Sie wechseln die **Rechtsform** Ihres Gewerbes und müssen deshalb Ihr Gewerbe **neu anmelden**.

Wenn Sie in eine andere Gemeinde umziehen, dann müssen Sie immer zuerst Ihr bestehendes Gewerbe abmelden, bevor Sie eine neue Anmeldung vollziehen können. Die Abmeldung können Sie entweder schriftlich oder direkt und formlos in eigener Person vor Ort erledigen. Wurde Ihre Abmeldung bestätigt, können Sie in der neuen Gemeinde ganz normal Ihr Gewerbe wieder anmelden – und hoffentlich mit Erfolg weiter ausüben. Für die schriftliche Abmeldung stehen Ihnen übrigens Formblätter zur Verfügung, die Sie einfach ausfüllen können. Derartige Formblätter erhalten Sie entweder auf Papier bei Ihrem zuständigen Gewerbeamt – oder als digitaler Variante zum unkomplizierten Download auf der offiziellen Internetseite Ihres Gewerbeamtes.

Es ist keine große Sache, Ihr Gewerbe abzumelden. Sie sind allerdings laut Gewerbeordnung dazu verpflichtet. In den meisten Fällen ist eine solche Abmeldung kostenfrei, wenn Sie allerdings statt einer mehrere Bestätigungen zur Vorlage bei bestimmten Stellen benötigen, dann werden sehr wahrscheinlich moderate Gebühren anfallen. Die exakten Konditionen fallen regional unterschiedlich aus und können deshalb an dieser Stelle nicht genau benannt werden.

Falls Sie selbst in eigener Person verhindert sind, können Sie eine dritte Person schriftlich bevollmächtigen, die Abmeldung in Ihrem Namen durchzuführen. Allerdings sollte die Abmeldung Ihres Gewerbes zeitnah erfolgen – eine Abmeldung im Vorfeld ist schwierig, weil diese immer sofort in Kraft tritt. Wenn Sie ein genaues Datum zu Ihrer Betriebsaufgabe benennen können, dann ist es theoretisch möglich, die Abmeldung frühestens drei Monate vor diesem Zeitpunkt durchzuführen. Da aber die Abmeldung ein ohnehin sehr einfacher und schnell erledigter Vorgang ist, empfehlen wir in der Praxis, diese erst vorzunehmen, wenn die Geschäftsaufgabe auch wirklich vollzogen wird.

Werfen Sie Ihr Geld nicht weg

Es kann passieren: Manchmal laufen die Dinge so schlecht, dass Sie mit Ihrem Kleingewerbe vor ernsten Liquiditätsproblemen stehen. Das muss auf gar keinen Fall immer allein Ihre Schuld sein! Manchmal sind die Verhältnisse einfach so, dass mehrere ungünstige Faktoren zusammenkommen und sich die Kuh nicht mehr vom Eis holen lässt. In diesem Fall ist es wichtig, dass Sie die Augen vor den gegebenen Notwendigkeiten nicht verschließen und die richtigen Konsequenzen ziehen. Sie müssen vernünftig abwägen, inwieweit es noch sinnvoll ist, weitere finanzielle Mittel in Ihr Geschäft zu investieren. Versuchen Sie nicht, Ihr Unternehmen um jeden Preis zu retten! Denken Sie daran, dass Sie im Kleingewerbe in vollem Umfang mit Ihrem gesamten Privatvermögen für Ihr Geschäft haften müssen. Hier können wir nur festhalten: Kein Unternehmen ist es wert, dass Sie Ihre Existenz dafür aufs Spiel setzen. Machen Sie es lieber neu, machen Sie es besser!

Natürlich wünschen wir uns alle miteinander, dass Sie mit Ihrem Kleingewerbe erfolgreich sind und eine Aufgabe aufgrund von Erfolglosigkeit nicht notwendig wird. Oft sind es unnötige Fehler, die zum Scheitern einer Existenzgründung führen. Die wichtigsten dieser Fehler und mögliche Strategien zu ihrer Vermeidung stellen wir Ihnen im nächsten Kapitel vor.

Die häufigsten Fehler vermeiden

Aller Anfang ist schwer, und gerade Anfänger machen häufig Fehler, die sich bei näherem Hinsehen oder besserer Vorbereitung leicht hätten vermeiden lassen. Wir plaudern an dieser Stelle ein wenig aus der Schule und verraten Ihnen, wie Sie dem einen oder anderen tückischen Fallstrick leicht entgehen können. Oft entstehen Fehler nur aus einer mangelhaften Vorbereitung oder einem fehlenden Bewusstsein für bestimmte mögliche Komplikationen. Nicht alle Fehler lassen sich vermeiden, aber doch einige.

Ungenaue Angaben

Der mit Abstand häufigste Fehler, der im Zusammenhang mit einer Existenzgründung gemacht wird, ist eine gewisse Laisse-faire-Haltung bei den notwendigen Angaben. Sowohl bei der Anmeldung als auch bei der Buchführung und Kundeninformation sollten Sie nichts dem Zufall überlassen und vor allem nie auf- oder abrunden. Fünf ist keine gerade Zahl, das gilt insbesondere in der Geschäftswelt! Sorgen Sie dafür, dass alle Ihre Angaben akribisch genau und zuverlässig sind. Prüfen Sie alles, was Sie tun, sehr sorgfältig – und lassen Sie nie etwas unter den Tisch fallen. Nehmen Sie sich lieber ein wenig mehr Zeit, um genaue Informationen einzuholen und einen Sachverhalt zu durchdringen. Jede vermeintlich unwichtige falsche Angabe kann sich negativ auf Sie und Ihr Kleingewerbe auswirken. Wir sind hier wieder bei dem Thema der Dokumentation, das uns schon mehrmals in diesem E-Book beschäftigt hat. Dokumentieren Sie alles präzise – gegenüber Ihnen selbst und allen Stellen, mit denen Sie es zu tun haben. Verschweigen Sie nichts – alles, was Sie verschweigen, kommt irgendwann doch zum Vorschein und erzeugt dann womöglich ein gewaltiges Echo, das Ihre Existenz erschüttert.

Ungenügende Kenntnisse

Viele Angaben werden nicht mit Vorsatz ungenau gemacht, sondern aufgrund einer falschen Einschätzung. Oft fehlen einfach die notwendigen Kenntnisse, um einen Sachverhalt angemessen zu beurteilen. Bei der Gründung eines Kleingewerbes ist es besonders wichtig, dass Sie wissen, was Sie tun: Sie müssen die Regeln kennen sowie die Begrifflichkeiten und ihre Bedeutung. Bei Verstößen gegen geltende Vorschriften gilt leider vonseiten des Gesetzgebers der Leitsatz: Unwissenheit schützt vor Strafe nicht. Sie können sich also nie damit herausreden, dass Sie bestimmte Dinge einfach nicht gewusst haben. Denn der Gesetzgeber setzt voraus, dass Sie wissen, was Sie tun. Holen Sie sich im Zweifel fachkundige Hilfe, investieren Sie in einen Existenzgründer-Kurs oder besuchen Sie einen kompetenten Berater. Gerade bei Fachfragen wie Steuerangelegenheiten ist der Rat eines Spezialisten Gold wert. Auch dieser sorgfältig recherchierte Ratgeber kann bei Weitem nicht alle Details und Feinheiten abdecken. Wenn Ihnen etwas unklar ist, dann geben Sie sich auf keinen Fall damit zufrieden – fragen Sie nach! Suchen Sie gerade bei spezifischen Fachfragen den Rat von Experten und zuständigen Behörden und versuchen

Sie nicht, die Dinge in Eigenregie und mit Improvisationen zu lösen. Fehlende Kenntnisse können Sie auf lange Sicht zu Fall bringen.

Falsche Einschätzung

Manche Fehler und ungenauen Angaben passieren trotz eigentlich sorgfältiger und tiefgängiger Vorbereitung. Zum Beispiel kommt es zu Fehleinschätzungen bei dem erwarteten Umsatz, die in der Kalkulation verwendeten Zahlen stimmen dann nicht mehr und die ganze Rechnung gerät aus den Fugen, geht nicht mehr auf. Für ein Geschäft kann das zu einem erheblichen Problem werden. Im ungünstigsten Fall drohen Ihnen sogar ernsthafte Restriktionen. In der Praxis ist ein häufiges Resultat eine ungenügende Finanzierung Ihres geschäftlichen Vorhabens – tatsächlich haben Untersuchungen der KfW-Mittelstandsbank ergeben, dass zu den wichtigsten Gründen für eine gescheiterte Existenzgründung Finanzierungs- und Planungsmängel zählen.

Fehlende Liquidität ist einer der größten Stolpersteine für Kleingewerbetreibende. In der Regel bedeutet fehlende Liquidität das Ende aller unternehmerischen Bemühungen. Dabei ist es ein fataler Trugschluss, dass Liquiditätsprobleme immer mit Verlusten und schlechtgehenden Geschäften zu tun haben. Mitunter sind einfache und vermeidbare Fehleinschätzungen vonseiten der verantwortlichen Unternehmer der Auslöser der Schwierigkeiten. Rechnen Sie alles durch, planen Sie alles durch – und beseitigen Sie im Vorfeld der Planung alle Unklarheiten. Wenn Ihr Plan steht, prüfen Sie ihn. Wenn Sie ihn geprüft haben, prüfen Sie ihn noch einmal!

Vorschnelle Entscheidungen auf Grundlage falscher Einschätzungen können für Ihr Kleingewerbe verheerende Auswirkungen haben. Deshalb gilt auch die goldene Regel: Lassen Sie sich Zeit! Überstürzen Sie nichts! Es ist immer eine gute Idee, über eine Entscheidung zu schlafen und nichts übers Knie zu brechen.

Fehlende Aktualität

Die Verhältnisse ändern sich, gerade auch in geschäftlichen Dingen. Es ist leider so, dass Sie Ihre Angaben nicht einmalig machen können und dann aus dem Schneider wären. Sie stehen auch in der Pflicht, ständig zu kontrollieren und sicherzustellen, dass die Informationen, die Sie an staatliche Stellen aber auch an private und geschäftliche Kunden weitergeben, immer korrekt und auf dem neuesten Stand sind. Das betrifft vor allem den Umsatz: Wenn Ihr Kleingewerbe so gut läuft, dass es sich still und heimlich zu einem richtigen Gewerbe mausert, also die zulässigen Gewinngrenzen überschreitet, dann stehen Sie wieder in der Meldepflicht.

Es ist keine gute Idee, den Dingen ihren Lauf zu lassen und einfach darauf zu hoffen, dass niemand von den neuen Gegebenheiten Notiz nimmt. Es wird gern übersehen, dass die unterlassene Korrektur sich verändernder Daten ebenfalls als falsche Angabe zählt, auch wenn es nur passiv geschieht. Sie können sich bei Kontrollen nicht darauf berufen, dass die Daten bei der früheren Eingabe ja noch korrekt waren! Prüfen Sie zumindest einmal im Jahr, ob sich entscheidende Faktoren geändert haben – ein guter Zeitpunkt dafür wäre die Abgabe Ihrer Steuererklärung bei Ihrem Steuerberater. Stellen

Sie Ihre Verhältnisse immer wieder auf den Prüfstand und korrigieren Sie Kurs und Angaben, wo immer das nötig und sinnvoll ist.

Schlechte Organisation

Manchmal stimmen einfach Zeitplan und Abläufe nicht. Oft wird ein Gewerbe zu früh angemeldet. Dann gehen die Behörden von Einkünften und Tätigkeiten aus, die noch gar nicht existent sind. Auch eine zu späte Anmeldung ist nicht ratsam – in diesem Fall drohen Bußgelder und Nachzahlungen. Oft werden ganz einfach aufgrund von Unkenntnis Fristen und Ablaufzeiten falsch eingeschätzt und daher auch falsch eingeplant. Planen Sie alle Schritte so detailliert wie möglich durch. Überlegen Sie sich genau, wie Sie Formulare ausfüllen und welche Angaben Sie machen möchten. Versuchen Sie, jede Situation im Vorfeld durchzuspielen, so dass Sie nicht unter dem Druck einer spontanen Gegebenheit einen falschen Entschluss fassen.

Familiäre Konflikte

Oft unterschätzt wird auch das private Umfeld und der Einfluss, den dieses auf das Gelingen eines Kleingewerbes hat. Sorgen Sie unbedingt dafür, dass Ihre Familie hinter Ihnen steht, wenn Sie ein Kleingewerbe anmelden und mit Erfolg betreiben wollen. Denn Sie werden gerade in den wichtigen ersten Jahren eine Menge Zeit in Ihre neue Tätigkeit investieren müssen – Zeit, die Sie vielleicht zuvor auf andere Weise genutzt haben.

Viele Selbstständige unterschätzen den zeitlichen Aufwand, der mit Ihrem Unternehmen verbunden ist und die Auswirkungen, die dieser Aufwand auf Ihr privates Umfeld hat. Wenn Sie bei Ihrem Kleingewerbe noch zusätzlich mit widerstrebenden Strömungen in Ihrer Familie rechnen müssen, dann kann das eine fatale Entwicklung nehmen. Es gibt zwar keine gesetzliche Informationspflicht, die Ihre Familie miteinschließt. Aber es ist nur klug und richtig, dass Sie möglichst früh auch mit Ihrem privaten Umfeld über Ihre Pläne sprechen und sicherstellen, dass hier alle an einem Strang ziehen.

Nicht alles ist Ihr Fehler

Nicht immer lassen sich Schwierigkeiten vermeiden. Auch in der Geschäftswelt geschieht viel Unvorhergesehenes. Manchmal sind es unerwartete Einflüsse von außen, die Ihr Gewerbe ins Wanken bringen. Die Kaufkraft der Menschen ändert sich, kann steigen oder sinken, Mode und Geschmack unterliegen einem ständigen Wandel – manchmal passiert einfach etwas, dass beim besten Willen nicht vorherzusehen und miteinzuplanen war. In diesem Fall bleibt Ihnen oft nur, die Zeichen der Zeit rechtzeitig zu erkennen und gegebenenfalls die Reißleine zu ziehen, bevor Sie mit Ihrem Privatvermögen in ernsthafte Schwierigkeiten geraten. Wie wir bereits zuvor betont haben: Versuchen Sie nicht, Ihr Unternehmen um jeden Preis zu retten. Manchmal ist es das Beste, eine Sache zu beenden und eine andere neu zu beginnen.

Vor allem müssen Sie sich über eine Sache im Klaren sein: Viele der erfolgreichsten Geschäftsleute der Welt haben in ihrer Laufbahn schwere Rückschläge einstecken und Misserfolge verkraften müssen. Sie waren nur klug genug, zu erkennen, wann sie ein Pferd wechseln mussten. Reiten Sie kein totes Pferd, aber verlieren Sie auch nicht den Mut, wenn Sie abgeworfen werden. Es ist im Geschäftsleben völlig normal, dass auch einmal etwas schiefläuft und ein Neuanfang gemacht werden muss. Jedes Scheitern ist eine Chance, es beim nächsten Mal besser zu machen. Auf jedes Spiel folgt ein Rückspiel.

Haftungsausschluss

Alle Menschen machen Fehler, wir auch. Wahrscheinlich. Vielleicht. Oder? Wir wissen es nicht. Fest steht, dass wir uns bei der Recherche für dieses Buch große Mühe gegeben haben. Keine Angabe wurde ungeprüft übernommen, kein Sachverhalt einfach unreflektiert wiedergegeben. Wir wollten Ihnen eine verlässliche Informationsquelle, einen vertrauenswürdigen Ratgeber anbieten. Und wir hoffen, dass uns das auch gelungen ist. Trotzdem können wir keine Garantie übernehmen. Nicht für die absolute Richtigkeit aller Informationen – und erst recht nicht für Ihren geschäftlichen Erfolg. Den müssen Sie schon selbst erwirtschaften. Aber wir sind zuversichtlich, dass Ihnen das gelingen wird – wir trauen Ihnen das unbedingt zu, denn Sie haben schließlich bereits gezeigt, dass Sie in der Lage sind, kluge Entscheidungen zu treffen: mit dem Kauf dieses Ratgebers. Wie wir im letzten Kapitel gelernt haben, können auch viele kluge Entscheidungen und richtiges Fachwissen manchmal nicht davor schützen, dass etwas anders verläuft als gewünscht. Auch deshalb können und wollen wir keine Haftung dafür übernehmen, das nach der Lektüre dieses Buches alles so funktioniert, wie Sie es sich vorstellen und wir es Ihnen wünschen. Das liegt auch daran, dass Informationen sich schnell verändern. Der Gesetzgeber passt seine Regeln den Entwicklungen der Märkte an, die sich so schnell wie noch nie zuvor verändern. Zahlen und Auflagen sind einem steten Wandel unterworfen. Wir haben nach bestem Wissen und Gewissen darauf geachtet, dass alles, was wir Ihnen in diesem Buch verraten, auf der Höhe der Zeit ist. Aber auch für die absolute

Richtigkeit aller angegebenen Daten können wir keine Garantie übernehmen.

Zu guter Letzt weisen wir Sie darauf hin, dass auch ein durch und durch sorgfältig recherchiertes und akribisch überprüftes Buch kein Ersatz für eine ausführliche Begleitung und Beratung durch einen ausgebildeten Steuerberater ist. Suchen Sie sich im Zweifel deshalb immer menschlichen Rat und werfen Sie einen vergewissernden Blick in die aktuellen Gesetzestexte. Dieses Buch kann Ihnen aber eine wichtige grundlegende Orientierung geben, so dass Sie wissen, wo und was Sie suchen müssen.

Schlusswort

Jetzt haben Sie viele Seiten gelesen und gelernt und hoffentlich einen guten Eindruck davon bekommen, was die Anmeldung eines Kleingewerbes für Sie bedeutet. Vielleicht hat sich bei der Lektüre dieses Buches in Ihnen schon eine gewisse Vorstellung verfestigt, wohin Sie Ihr Berufsweg führen wird? Vor allem eines wollten wir Ihnen vermitteln: Sie haben es in der Hand! Sie sind nicht von einer launischen Schicksalsgöttin abhängig, die sich Ihnen nur nach Lust und Laune zuwendet.

Auf Ihre Hand kommt es an! Ihre Tatkraft gibt den Ausschlag – denn dieses E-Book ist nur eine Landkarte, auf der Sie selbst Ihre Route planen und schließlich gehen müssen. Das nimmt Ihnen niemand ab, das kann Ihnen niemand abnehmen. Aber eine Landkarte ist kein Lottoschein: Sie brauchen weit weniger Glück, um Ihre geschäftlichen Ziele zu erreichen. Ein wenig Umsicht, Voraussicht und Entschlossenheit reichen aus. Arbeiten Sie eine Strecke aus, die Sie an Ihre Ziele führt. Setzen Sie sich diese Ziele mit Vernunft und Augenmaß.

Das Kleingewerbe bietet Ihnen die einmalige Möglichkeit, an Ihr bereits bestehendes Gebäude anzubauen, ohne dass Sie deswegen Ihr Heim, Ihre vertraute Umgebung verlassen müssen. Sie können in Ihrem Beruf bleiben und trotzdem Ihre Fühler nach neuen Ufern ausstrecken. Selbst wenn Sie nur wenig Zeit und Raum haben, zum Beispiel während eines Studiums oder einer Ausbildung, können Sie mit einem Kleingewerbe relativ risikoarm wertvolle Erfahrungen sammeln und Ihre wirtschaftliche Situation aufbessern. Sie allein legen fest, in welchen Dimensionen Sie sich bewegen möchten. Nutzen Sie das Kleingewerbe als Sprungbrett zu höheren Zielen oder einfach als bleibendes zweites Standbein für ein angenehmes Zusatzeinkommen.

Vielleicht ist jetzt die eine oder andere Frage noch offen? Dann ist das gut so! Denn das zeigt, dass Sie dieses Buch nicht nur gelesen, sondern auch bedacht und verstanden haben. Es ist ganz normal, dass Sie bei der Planung Ihres Gewerbes Fragen aufwerfen, die in diesem grundlegenden Ratgeber nicht in erschöpfender Fülle behandelt wurden. Aber die Lektüre dieses Ratgebers hat Sie überhaupt erst in die Lage versetzt, diese Fragen zu stellen! Es ist wie in der Grundschule, wenn die Abc-Schützen das Alphabet lernen. Erst dann können Sie viele Informationen überhaupt erst entziffern und anfangen, Texte zu lesen und diesbezüglich Fragen zu stellen. Anstelle von Unverständnis (»Was steht da?«) tritt das nachfragende Verständnis (»Wie kann ich diese Information für mich nutzbar machen?«). Sie haben jetzt das Abc des Kleingewerbes gelernt. Jetzt geht es darum, dass Sie dieses für sich nutzen.

Vielleicht kennen Sie auch jemanden, der sich mit dem Gedanken an die Selbstständigkeit trägt und seine berufliche Situation verbessern möchte? Dann wäre dieses Buch sicher ein geeignetes Geschenk. Wer weiß – vielleicht unternehmen Sie sogar zusammen eine Team-Gründung? Wir wünschen Ihnen dabei in jedem Fall viel Erfolg!

Printed in Poland
by Amazon Fulfillment
Poland Sp. z o.o., Wrocław

82391206R20069